Pocket Power

Gerhard Gietl
Werner Lobinger

Qualitätsaudit

Planung und Durchführung von
Audits nach DIN EN ISO 9001

3. Auflage

HANSER

Bibliografische Information der Deutschen Nationalbibliothek
Die Deutsche Nationalbibliothek verzeichnet diese Publikation in der Deutschen Nationalbibliografie; detaillierte bibliografische Daten sind im Internet über http://dnb.d-nb.de abrufbar.

© 2014 Carl Hanser Verlag München
http://www.hanser-fachbuch.de

Lektorat: Lisa Hoffmann-Bäuml
Herstellung: Andrea Reffke
Layout: Der Buchmacher, Arthur Lenner, München
Umschlaggestaltung: Parzhuber & Partner GmbH, München
Umschlagrealisation: Stephan Rönigk
Druck und Bindung: Kösel, Krugzell
Printed in Germany

ISBN 978-3-446-44049-4
E-Book ISBN 978-3-446-44118-7

Inhalt

Wegweiser

Dieses Buch wendet sich an Praktiker. Die folgenden drei Symbole führen Sie schnell zum Ziel:

 Dieses Symbol markiert **Anwendungstipps:** Hier erfahren Sie, wie Sie bei der Umsetzung am besten vorgehen.

 Hier geben wir Ihnen **Praxisbeispiele,** die zeigen, wie die Thematik von anderen konkret umgesetzt wird.

 Wo Sie dieses Symbol sehen, weisen wir Sie auf **Hürden und Hindernisse** hin, die einer Umsetzung erfahrungsgemäß oft im Wege stehen.

1   Was ist ein Qualitätsaudit?

1.1   Das Qualitätsaudit

Die Auditierung ist eine wichtige Stufe auf dem Weg zum TQM. Sowohl interne Audits als auch externe Audits, die als Basis für eine Zertifizierung dienen können, sind notwendige Bestandteile eines funktionsfähigen Managementsystems. Sind Prozesse und grundlegende Managementregelungen im Unternehmen implementiert, dient das Audit als Werkzeug zur Aufrechterhaltung und ständigen Verbesserung eines Managementsystems (Bild 1).

Das Qualitätsaudit stellt einen systematischen, unabhängigen und dokumentierten Prozess dar zur Erlangung von

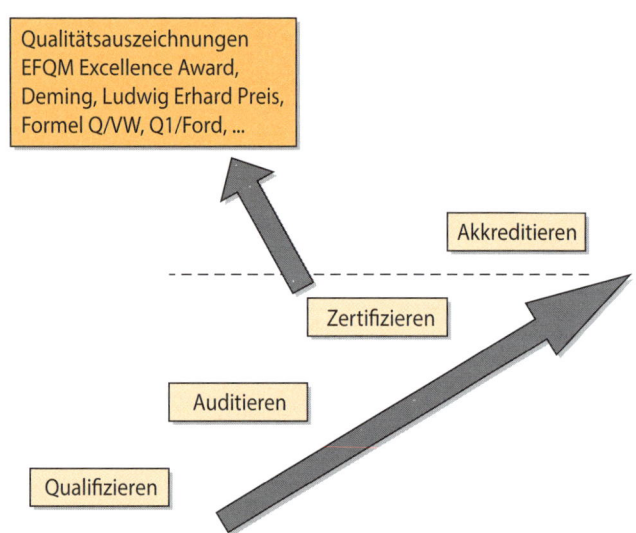

Bild 1: *Auditpositionierung*

Auditnachweisen und zu deren objektiver Auswertung. Es ermittelt, inwieweit Auditkriterien erfüllt sind.

Einfacher ausgedrückt bedeutet dies das regelmäßige Infragestellen der Eignung von Aktivitäten einer Organisation: Sind die Ziele und Vorgaben erreicht bzw. erfüllt? Die Hinterfragung erfolgt durch eine objektive Untersuchung. Das Qualitätsaudit ist nicht nur mit einer Prüfung oder Inspektion gleichzusetzen. Vielmehr hat es die Aufgabe über den Gesichtspunkt der Prüfung hinaus Verbesserungspotenziale zu identifizieren. Dazu ein Beispiel:

Produktetikettierung

Bei einem Baustoffhersteller stellte der Auditor die teilweise fehlende Etikettierung der Produkte fest. Eine Arbeitsanweisung für Inhalt und Platzierung der Etiketten war vorhanden. Aufgrund der staubhaltigen Arbeitsumgebung lösten sich viele der Etiketten vom Produkt. Die Verantwortlichen des Bereichs schlossen zunächst auf die Nichtbeachtung der Arbeitsanweisung. Der Auditor hinterfragte jedoch die Inhalte der Arbeitsanweisung. Die Ursache des Problems lag nach näherer Betrachtung in der ungeeigneten Etikettierungsmethode.

Die Verantwortlichen überprüften nur das Vorhandene auf Einhaltung. Die Sinnhaftigkeit der Vorgaben und die Ursache des Problems standen nicht im Mittelpunkt ihrer Fragestellungen. Die Intention eines „modernen" Qualitätsaudits – und damit Aufgabe des Auditors – ist die Hinführung zur Lösung des Problems und damit zur Verbesserung der betrieblichen Abläufe. Bild 2 und 3 verdeutlichen diese Aufgabe.

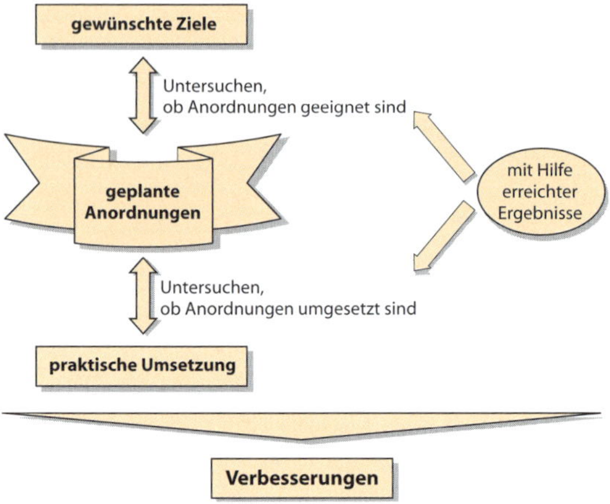

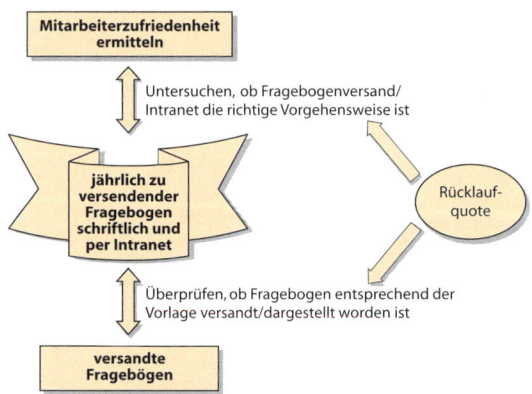

Bild 2: *Aufgabe des Auditors: Verbesserungsmöglichkeiten identifizieren*

Bild 3: *Verbesserungsmöglichkeiten identifizieren: ein Beispiel*

1.2   Auditarten

WORUM GEHT ES?

Qualitätsaudits werden abhängig von ihrer Zielsetzung bzw. ihres Schwerpunkts in verschiedene Auditarten eingeteilt. Die Audits werden allgemein in

▶ Systemaudit,
▶ Prozessaudit,
▶ Verfahrensaudit,
▶ Produktaudit,
▶ Performance-Audit und
▶ Compliance-Audit

unterschieden.

WAS BRINGT ES?

Je nach Reifephase des Managementsystems im Unternehmen bzw. der Organisation sollte der Auditmanager verschiedene Auditarten einplanen. Nur die Durchführung des passenden Audits stellt einen gewinnbringenden Faktor für die Organisation dar. Existiert zum Beispiel das Qualitätsmanagementsystem bereits seit einigen Jahren, ist der Einsatz von Systemaudits aufgrund ihrer breiten Themenstellung weniger zielführend als Prozessaudits, die sich auf Schnittstellenprobleme im Unternehmen konzentrieren.

WIE GEHE ICH VOR?

Systemaudit

Das Systemaudit im Sinne eines Qualitätsaudits beurteilt die Wirksamkeit eines Qualitätsmanagementsystems in Be-

zug auf die Erfüllung der Unternehmenspolitik und übergeordneten Regelwerke. Systemaudits können sich aus folgenden Anlässen ergeben:

▶ Ermittlung von Verbesserungspotenzialen.
▶ Ermittlung von Schwachstellen und deren Beseitigung.
▶ Ermittlung von Fehlerursachen und deren Beseitigung.
▶ Sensibilisieren der Mitarbeiter für die Philosophie und
   Politik der Organisation bezüglich der befragten Themen
   wie Qualität, Umwelt, Gesundheitsschutz etc.
▶ Bewertung des installierten Management-Systems.
▶ Informationsbereitstellung für die Zertifikatserteilung.
▶ Bereitstellung von Informationen für das Management-
   review.
▶ Auswahl oder Bewertung eines Lieferanten etc.

Ein internes Systemaudit wird im Auftrag des Managements der Organisation durchgeführt. Dabei sind die Regelungen zur Unabhängigkeit des Auditprozesses zu beachten.
Der Einsatz eines Beraters bei internen Audits ist ebenso
möglich. Er ist als Stellvertreter eines internen Auditors insbesondere dann sinnvoll, wenn die Kompetenz oder die Unabhängigkeit nicht in komplettem Umfang gewährleistet ist
(beispielsweise bei der Auditierung der Geschäftsführung).

Ein externes Systemaudit wird im Auftrag des eigenen
Managements oder des Managements eines Kunden durch
Mitarbeiter außerhalb der Organisation durchgeführt (In der
Regel sind externe Audits Lieferanten- oder Zertifizierungs-
audits). Bild 4 stellt interne und externe Audits gegenüber.

Vorteile eines externen Systemaudits durch Kunden

Der Kunde kann gezielt auf Verbesserungspotenziale des Lieferanten hinweisen und Korrekturmaßnahmen fordern.

Die Organisation kann aus dem Audit wichtige Rückschlüsse auf ihr Managementsystem ziehen.

Lieferanten können präziser und in einem Vergleich mit anderen eingestuft werden.

Die Zusammenarbeit zwischen Kunde und Lieferant verbessert sich.

Es ermöglicht eine Einschätzung, ob der Lieferant den Anforderungen aus der Qualitäts- und/oder Umweltpolitik des Kunden entspricht.

Es ergibt eine Bewertung, ob der Lieferant fähig ist die Sicherheitsanforderungen des Auftraggebers zu erfüllen.

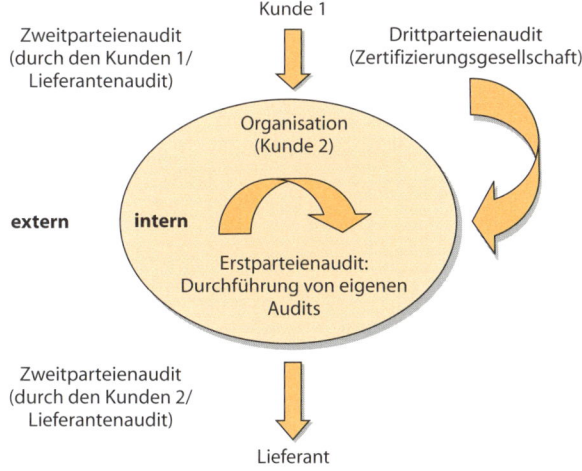

Bild 4: *Interne und externe Qualitätsaudits*

Prozess-/Verfahrensaudit

Ziel des Prozessaudits ist es, bestimmte Prozesse bzw. Arbeitsfolgen auf mögliche Verbesserungspotenziale zu untersuchen. Ein Verfahrensaudit beschäftigt sich mit der Einhaltung und Zweckmäßigkeit von Verfahren.

Im Gegensatz zu Systemaudits beschäftigen sich Prozess-/Verfahrensaudits nicht mit einem kompletten Qualitätsmanagementsystem, sondern mit einzelnen Prozessen wie

▶ Zielvereinbarungsprozess,
▶ Auftragsgewinnungsprozess,
▶ Personalentwicklungsprozess,
▶ Instandhaltungsprozess etc.

bzw. Verfahren wie

▶ Lenkung der Vorgabedokumente und Aufzeichnungen (Nachweisdokumente),
▶ internen Audits,
▶ Korrekturmaßnahmen,
▶ Lieferantenbeurteilung oder
▶ einzelnen Herstellverfahren (Löten, Schweißen, Projektmanagement etc.).

Produktaudit

Das Produktaudit „dient zur Begutachtung der Übereinstimmung der Ausführung mit den festgelegten Qualitätsanforderungen an das Produkt nach der Endprüfung" (VDA 6.5).

Die Prüfung auf Übereinstimmung mit den produktspezifischen Vorgaben wird an einer kleinen Zahl von Produkten bzw. Dienstleistungen aus der Sicht des Kunden durchgeführt, wobei der Auditdurchführende ein interner Auditor oder externer Auditor (Kunde) sein kann.

Das Produkt oder die Dienstleistung wird auf Übereinstimmung mit den Kundenanforderungen, Spezifikationen, Zeichnungen, Normen, gesetzlichen Vorschriften u.ä. geprüft. Mehr als die bloße Endprüfung untersucht das Produktaudit auch die Methoden der Endprüfungen (Sichtprüfung, Maßprüfung, Funktionsprüfung etc.), die Eignung der Prüforte, die Richtigkeit der Stichprobengröße, die Anwendbarkeit der Bewertungskriterien usw.

Es werden alle Unterlagen herangezogen, in denen Bestandteile der produktspezifischen Qualitätsforderungen enthalten sind. Nur mit deren Hilfe kann letztlich beurteilt werden, ob die vorausgegangenen Herstellungsverfahren ausreichend waren, die durch den Kunden festgelegten Qualitätsanforderungen zu erfüllen. Auch hierin besteht der Unterschied zur reinen Warenausgangsprüfung bzw. Endprüfung. Die Endprüfung überprüft definierte Merkmalswerte (einschließlich Toleranzgrenze) eines Produkts auf Einhaltung. Die Tätigkeit der Prüfung ist mit der Ja/Nein-Aussage abgeschlossen. Danach wird das geprüfte Teil in einen dafür vorgegebenen Prozess weitergegeben (Lager, Versand, Verschrottung, Nacharbeit etc.). Beim Produktaudit ist der Fokus nicht auf die Einhaltung aller zu prüfender Merkmalswerte des Produkts gerichtet. Das Produktaudit kann weiter auf die effektive und effiziente Herstellung des Produkts abzielen. Während die Endprüfung bei einem „Nicht-in-Ordnung-Teil" die Aussortierung bis zur Entscheidung des weiteren Verwendungszwecks als Aufgabe hat, untersucht das Produktaudit die entsprechenden Ursachen ggf. bis hin zum Herstellprozess. Ziele des Produktaudits sind

▶ das Begutachten der Übereinstimmung der Ausführung mit festgelegten Qualitätsanforderungen an das Produkt durch Qualitätsprüfungen von
  – Bauelementen, Baugruppen und Endprodukten in Verbindung mit einer Prüfung,
  – Herstellungsunterlagen in den Fertigungsstätten,
  – Herstellungsprozessen,
  – Herstellungs- bzw. Prüfschritten,
  – eingesetzten Herstellungs- und Prüfmitteln,
▶ Überprüfung der Produkt- bzw. Dienstleistungsqualität,
▶ Erkennen und Nachweisen von Schwankungen der Fertigungsqualität,
▶ Absicherung der Aussagen geplanter und durchgeführter Qualitätsprüfungen,
▶ Ermittlung des Qualitätsniveaus angelieferter Einheiten oder der Wareneingangsprüfungen,
▶ Ermittlung der Zweckmäßigkeit von Prüfungen,
▶ Feststellung der Fähigkeit der Prüfstelle.

Performance-Audit

In den letzten Jahren nehmen Compliance- (siehe unten) und Performance-Audits im Umwelt- und Arbeitssicherheitsbereich verstärkt zu. Die Anwendung dieser Auditarten im Bereich Qualität steigt mit der wachsenden Zahl von integrierten Managementsystemen und der Weiterentwicklung des Qualitätsmanagementsystems. Beim Performance-Audit steht die Ergebnisverbesserung der Unternehmensleistung im Vordergrund.

Der Auditor verfolgt Kennzahlen der Leistungsfähigkeit der Organisation, z.B. betriebswirtschaftliche Daten, und hinterfragt Erreichungsgrade, Wirksamkeiten und Ursachen.

Der Fokus des Performance-Audits ist – über die Begutachtung der Kenngrößen – die ständige Verbesserung des Outputs. Ziele des Performance-Audits sind

▶ Überprüfung der Zielerreichung,
▶ Vergleich mit anderen Unternehmen (Benchmarking),
▶ Anwendbarkeit der Kenngrößen und
▶ Wirksamkeitsbetrachtung von Maßnahmen.

Compliance-Audit

Ein Compliance-Audit ist die Untersuchung der Einhaltung von gesetzlichen und behördlichen Anforderungen. Während im Umwelt- und Arbeitssicherheitsbereich diese Anforderungen sich in den meisten Fällen auf die Herstellung und die Produktion beziehen, konzentriert sich das Compliance-Audit im Qualitätsbereich vor allem auf die behördlichen und gesetzlichen Anforderungen an das Produkt bzw. die Dienstleistung.

Bestimmte gesetzliche oder behördliche Vorgaben werden herausgegriffen und Punkt für Punkt auditiert.

Das Compliance-Audit umfasst die Untersuchung, ob Vorgaben aus

▶ Gesetzen,
▶ Verordnungen,
▶ Verwaltungsvorschriften,
▶ Genehmigungsbescheiden,
▶ Erlaubnissen und behördlichen Zulassungen,
▶ Verträgen (öffentlich-rechtlichen und privatrechtlichen) und
▶ ggf. unternehmensspezifischen Regularien und Richtlinien

eingehalten werden oder nicht.

Die Vor-Ort-Begehung in Unternehmen durch Behörden oder behördenähnlichen Institutionen (Gewerbeaufsicht, TÜV etc.) entsprechen in vielen Fällen einem Compliance-Audit.

Sonstige Auditarten

Einige Organisationen verwenden unternehmensspezifisch noch weitere Begriffe für Audits, die in den jeweiligen Unternehmen stattfinden. Dabei lässt sich aus der Namensgebung auf den Schwerpunkt des Audits schließen. Weitere Auditbezeichnungen sind z.B. Logistikaudit, Projektaudit, Schnittstellenaudit, Risikoaudit, usw.

2 Das Auditprogramm

Das gesamte Auditwesen ist in Anlehnung an den PDCA-Zyklus in einem Auditprogramm zu strukturieren (Bild 5). In dem Auditprogramm werden alle notwendigen Rahmenbedingungen, Voraussetzungen und Tätigkeiten im Auditwesen geplant, umgesetzt, kontrolliert und wenn notwendig verbessert.

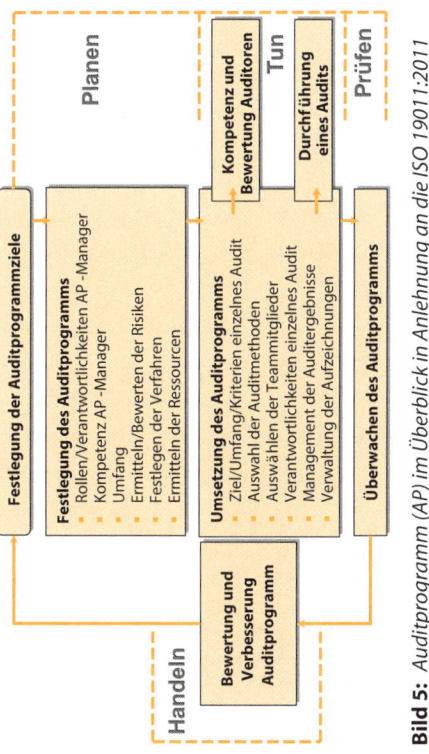

Bild 5: *Auditprogramm (AP) im Überblick in Anlehnung an die ISO 19011:2011*

2.1   Festlegung der Auditzielsetzungen

WORUM GEHT ES?

Erster Aspekt des Auditprogramms ist die Festlegung, welche Zielsetzungen mit den Audits generell verfolgt werden sollen. Audits können auf unterschiedliche Weise dem Unternehmen dienlich sein. Zum Beispiel sind mögliche Zielsetzungen:

▶ Überprüfungen der Konformität mit bestehenden normativen Forderungen,
▶ Auffinden von Verbesserungspotenzialen zur Steigerung der Effektivität und der Effizienz von Managementsystemen,
▶ Auffinden von Verschwendungen zur Vermeidung von Fehl- und Blindleistungen,
▶ Analyse von Ursachen für Fehler oder Reklamationen,
▶ Beurteilung, inwieweit gesetzliche Vorgaben und andere behördliche Regulative eingehalten werden,
▶ Lieferantenaudits zur Bewertung deren Leistungsfähigkeit.

Unterschiedliche Auditzielsetzungen

Ein Unternehmen in der Militärtechnikbranche führt interne Audits ausschließlich als „scharfe" Generalprobe vor einer angesetzten Inspektion durch eine Behörde durch, um die Gewährleistung zu haben, mögliche Nichtkonformitäten im Vorfeld dieser Inspektion aufzufinden und zu eliminieren.
Ein anderes Unternehmen in der Softwarebranche hat ein Auditwesen eingeführt, um möglichst viele Potenziale zu heben, die einen direkten finanziellen Zugewinn bedeuten.

WAS BRINGT ES?

Eine klare Definition der Auditziele gibt dem Auditor einen Rahmen für seine Tätigkeit. Dadurch gewährleistet das Management, dass sich der Auditor mit den für das Management wichtigen Aspekten zielgerichtet im Audit befasst. Die Auswahl der dafür geeigneten Auditart gibt ihm z.B. vor, ob er sich schwerpunktmäßig auf die Einhaltung von Vorgaben konzentriert oder die Aktivitäten zur Leistungsverbesserung näher betrachtet.

Eine kunden- und nutzenorientierte Definition der Auditziele steigert die Effizienz des Audits.

> **Nutzenorientierte Auditplanung**
>
> Ein Unternehmen im Sondermaschinenbau setzt Schwerpunkte für Audits resultierend aus den Ergebnissen des Management-Reviews. Der QMB reduzierte drastisch die Auditierung von Prüfmitteln in der Produktion zugunsten des Themas Personalentwicklung. Der Grund dafür war, dass vermehrte Reklamationen auf mangelnde Qualifikation von Mitarbeitern und fehlerhafte Kapazitätsplanung hinwiesen.

WIE GEHE ICH VOR?

Das Unternehmen kombiniert idealerweise das Auditprogramm einer Organisation aus den verschiedenen Auditarten. Die Kombination der Auditarten deckt die Organisation sowohl in vertikaler Richtung (von strategischen Regelungen bis Detailfestlegungen beim Sachbearbeiter vor Ort) als auch in horizontaler Richtung (über verschiedene Abteilungen, Bereiche etc.) ab. Der Verantwortliche plant nicht nur Systemaudits. Vielmehr beinhaltet der Plan auch Verfahrens-, Prozess-, Performance-, Compliance- oder Produkt-audits. So ist eine zielorientierte Umsetzung der Audits möglich.

Die Auditplanung berücksichtigt die Untersuchung der Wirksamkeit des gesamten Qualitätsmanagementsystems innerhalb des betrachteten Zeitraums. Sie deckt alle Bereiche des Unternehmens und Anforderungen der angewandten Normen innerhalb eines Zeitraums ab. Den Zeitraum legt die Organisation fest.

Häufig erstellt der Managementbeauftragte das Auditprogramm. Die Prüfung und Genehmigung erfolgt durch die oberste Leitung. Spätestens bei dieser Prüfung sollte die oberste Leitung die Zielsetzung der Audits in Übereinstimmung mit dem Managementsystem abstimmen. Der Managementbeauftragte verteilt das Auditprogramm mit den darin festgelegten Zielsetzungen an die gesamte Organisation und vor allem an die betroffenen Auditoren und Bereiche.

Aufgrund der Zielsetzungen erfolgt in der Praxis in vielen Organisationen eine jährliche Auditplanung in Form eines Auditrahmenplans. Dieser legt beispielsweise folgende Punkte fest:

Auditrahmenplan
- Auditart: Systemaudit Systemaudit …
- Zeitraum: Mai 20xx Juni 20xx …
- Auditoren: Schmidt, Lenz Kunz …
- Bereich: Vertrieb Logistik …

Mindestens folgende Aspekte sollten in einem Jahresprogramm – oder auch Auditjahresplan genannt – enthalten sein:

▶ Zeitraum der geplanten Audits (z.B. die Kalenderwoche),
▶ Auditart,
▶ Auditoren,
▶ auditierte Einheit,
▶ Zuweisung der Themen als Gesamtübersicht.

Interne Audits als Generalprobe

Viele Unternehmen benutzen interne Audits, um vor den externen Audits kurzfristig Gefährdungspotenziale für ein Zertifikat auszuräumen. Dies kann eine probate Zielsetzung sein, stellt aber gleichzeitig eine Verschwendung dar. Die Organisation schöpft nicht das volle Potenzial von internen Audits als Beitrag zum Unternehmenserfolg aus. Außerdem entsteht für den Mitarbeiter der Eindruck, das Managementsystem existiert nur für das Zertifikat.

Mehrwert entsteht erst durch zusätzliche Zielsetzungen (Aufrechterhaltung der Standardisierungen, Überprüfung der dauerhaften Effektivität und Effizienz von Verfahren, Prozessen etc.). Nur die Verteilung der internen Audits über eine Periode kann dies gewährleisten. Einmal jährliche „Spotlights" tragen selten zur kontinuierlichen Verbesserung bei. Dies veranschaulicht Bild 6.

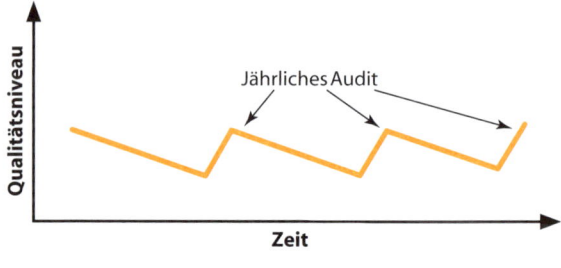

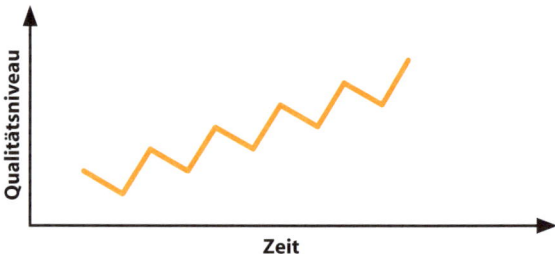

Häufigeres Audit mit ständiger Verbesserung

Bild 6: *Sägezahneffekt*

Der auditierte Bereich muss ohne Vorbereitungsaufwand ein Audit bestehen können. Im Idealfall ergänzen sich externe und interne Audits über den Planungszeitraum. So können die Inhalte der geplanten Zertifizierungsaudits oder Lieferantenaudits bestimmte Inhalte von internen Audits übernehmen.

> **Abwechslung**
>
> Ein Chemieunternehmen plant externe und interne Audits im Wechsel ein. Im extern auditierten Bereich findet im gleichen Jahr kein internes Audit statt und umgekehrt. In die Auditplanung sind auch Audits durch den Kunden mit einbezogen.

Aus den grundsätzlichen Auditzielen leitet sich unmittelbar der weitere Rahmen für die Planung und Durchführung der Audits ab. So richtet sich der Aufwand für die durchzuführenden Audits, aber auch die Auswahl der Auditoren aufgrund der notwendigen Kompetenz und andere Rahmenbedingungen an diesen Zielen aus.

2.2 Festlegung der Rahmenbedingungen

WORUM GEHT ES?

Nach der Festlegung der Zielsetzungen, die ein Unternehmen mit den Audits verfolgt, richten sich der gesamte weitere Aufwand und die organisatorische Struktur des Auditwesens auf die Gestaltung der Rahmenbedingungen. Deshalb müssen die aufzubringenden Ressourcen darauf abgestimmt werden. Nur wenn beispielsweise die zeitlichen Ressourcen den Auditoren auch für die genügende Vorbereitung gegeben werden, können diese im Anschluss daran effektiv die Audits durchführen.

Die Festlegung von Qualifikationsprofilen für Auditleiter und Auditoren bildet ebenfalls einen Rahmen, um Audits wirksam im Unternehmen durchzuführen.

Um für die einheitliche strukturierte Vorgehensweise im Auditwesen eine Kontur zu schaffen, empfiehlt es sich, auch die Prozesse, Verfahren und Methoden für das Auditieren festzulegen. Hierunter zählen beispielsweise auch die anzuwendenden Dokumente und die Bewertungsmethoden zur Feststellung von Nichtkonformitäten.

WAS BRINGT ES?

Das gesamte Auditwesen ist dann effektiv und effizient, wenn der Auditprogrammmanager die Abstimmung zwischen Zielsetzung der Audits und den damit unmittelbar zusammenhängenden Rahmenbedingungen für die Audits erfolgreich umsetzt.

> **Abstimmung der Zielsetzung eines Audits mit Auditorenqualifikation**
>
> Umfasst die Zielsetzung der Audits nicht nur den bloßen Konformitätsabgleich gegenüber Normen, sondern das Auffinden von Verbesserungspotenzialen, indem die Ursachen von Nichtkonformitäten genauer und tiefer hinterfragt werden, so sind professionelle Kenntnisse über Methoden und Werkzeuge zur Ursachenanalyse für Auditoren zwingend notwendig.
> Sollen finanzielle Aspekte sowohl durch verbesserte Performance von Prozessen als auch durch Eliminieren von Blindleistungen im Vordergrund stehen, benötigen die Auditoren ein betriebswirtschaftliches Grundverständnis.

WIE GEHE ICH VOR?

Zunächst müssen die Rolle und die Verantwortlichkeit des Auditprogrammmanagers bestimmt werden. Der Auditprogrammmanager ist die verantwortliche Person in der Organisation, die das gesamte Auditwesen festlegt. In vielen Fällen handelt es sich dabei in Personalunion um den Qualitätsmanagementbeauftragten (QMB). In großen Konzernen kann dies als eine gesonderte Funktion im QM-Wesen ausgewiesen sein. Weiterhin ist der Auditprogrammmanager nicht zwangsweise ein Auditor oder Auditleiter, sondern greift für die Durchführung seiner Planung auf diese Personengruppe zurück. Manche größere Unternehmen differenzieren klar zwischen Auditprogrammmanager und einem Auditorenpool. In kleineren Organisationen übt eine einzige Person die Funktionen des Auditprogrammmanagers, des Qualitätsmanagementbeauftragten, des Auditleiters und des ggf. einzigen Auditors aus. Die unterschiedlichen Rollen und Verantwortlichkeiten sollten aber eindeutig herausgestellt werden (Bild 7).

Sind die Zielstellungen der Audits und die Rollenverteilung sowie die Verantwortlichkeiten des Auditprogrammmanagers definiert, legt dieser den benötigten Aufwand und die Vorgehensweisen für das Auditwesen sowie die zu auditierenden Inhalte (Auditkriterien) fest.

In einem geplanten Zeitraum sind alle Audits, die stattfinden (externe) und stattfinden sollen (interne), festzulegen. Sinnvoll ist mindestens ein Jahresüberblick, in größeren Unternehmen jedoch empfiehlt sich der Überblick über den gesamten Zertifizierungszeitraum von drei Jahren.

Die Häufigkeit der geplanten Audits und der zeitliche Umfang der einzelnen Audits bestimmen den gesamten Aufwand zur Durchführung. Der Auditprogrammmanager hat dabei ein gesundes Maß zu finden zwischen Übertreibung an Anzahl und Dauer und bloßem formalem Nachweis gegenüber externen Zwängen und Forderungen.

Auditprogrammmanager

Gesamtverantwortung für das Auditwesen
Planung aller Audits
Festlegung der Auditzielsetzungen
Festlegung der Qualifikationskriterien für Auditleiter und Auditoren
Auswahl von Auditleiter und Auditoren
Risikomanagement für das Auditwesen
Abstimmung der Audits mit der obersten Leitung

Auditleiter

Gesamtverantwortung für das ihm zugewiesene Audit
Inhaltliche und organisatorische Planung der ihm zugewiesenen
Audits
Durchführung der Audits
Bewertung der Inhalte aus den Audits
Berichterstellung der Audits
Steuerung seiner Auditoren oder des Auditteams
Ansprechpartner für das Auditteam und die auditierte Einheit

Auditor

Verantwortung für die Vorbereitung und Durchführung seines
Auditteils
Zuarbeit für den Auditleiter

Leiter auditierte Einheit

Beauftragung von Audits
Mitarbeit zur Ermöglichung von Audits
Festlegung der Korrektur und Verbesserungsmaßnahmen

Bild 7: *Verantwortungen der aktiv am Auditwesen Beteiligten*

Ebenfalls eine Aufgabe für den Auditprogrammmanager
ist die Festlegung der Verfahren und Methoden der Audits.
Typische zu klärende Verfahrensfragen sind z. B.:

▶ Abspracheform zwischen Auditleiter und auditierter Einheit im Vorfeld des Audits,

▶ Einsatz von Umfang und Art eventueller Fragelisten,

▶ Aufzeichnungsdokumente wie Auditberichte oder Maßnahmenlisten,

▶ Bewertungskriterien für Muss- und Kann-Maßnahmen.

Sind Zielstellung, Verfahren und Methoden der Audits geklärt, ergibt sich daraus die notwendige Qualifikation der Auditleiter und Auditoren.

2.3 Qualifikation und Kompetenz der Auditoren

WORUM GEHT ES?

Die Qualifikation und Sicherstellung der notwendigen Kompetenz des Auditleiters und der Auditoren bildet neben der Unabhängigkeit der Auditoren vom auditierten Bereich einen wichtigen Grundstein für ein erfolgreiches Auditwesen. Neben der Objektivität im Auditprozess prägen die fachlichen und methodischen Fähigkeiten sowie das Verhalten der Auditoren das Audit. Der Auditor zeichnet sich nicht nur durch fachliche Fähigkeiten aus. Soziale und methodische Kompetenzen sind bedeutende Eckpfeiler für die Ausübung seiner Tätigkeit. Deswegen kommt der Auswahl der Auditoren eine hohe Bedeutung im Auditprozess zu.

WAS BRINGT ES?

Die Kompetenz der Auditoren beeinflusst maßgeblich die Motivation für das Auditwesen und das Qualitätsbewusstsein der Mitarbeiter. Die Vorgehensweise bei der Auditierung basiert auf der Fähigkeit und dem Verständnis der einzelnen Auditoren für das Auditieren.

In vielen Organisationen herrscht ein falsches Selbstverständnis der Auditoren vor. Manchmal betrachten sie die auditierte Organisation als Bewerber – „Bittsteller" – für ein Zertifikat bzw. eine Auszeichnung eines guten Lieferantenergebnisses. Dieses Eigenbild stellt sich aus Sicht der Auditierten oftmals anders dar. „Erbsenzähler", „Besserwisser" oder sogar „personifiziertes ISO-Übel" werden als Synonyme für Auditoren verwendet.

Deshalb sollte jede Organisation die Kompetenz der Auditoren durch geeignete Auswahlkriterien und -verfahren fördern. Nur so ist die Schaffung von Akzeptanz und Vertrauen seitens der Auditierten und der Auftraggeber in die Auditoren möglich.

WIE GEHE ICH VOR?

Die Fähigkeit zur Kommunikation und Rhetorik bildet eine wichtige Grundlage für die Akzeptanz und damit für die Auswahl der Auditoren. Ein guter Auditor muss kein perfekt geschulter Rhetoriker sein. Da das Audit ein Frage-Antwort-Gespräch ist und der Auditor immer wieder kniffligen Gesprächssituationen ausgesetzt ist, sollte er jedoch Grundzüge in diesem Themenfeld beherrschen.

Auswahlkriterien für Auditoren heranziehen

Hilfestellung für die Auswahl von Auditoren bietet die Norm ISO 19011. Sie listet Qualifikationskriterien für Auditoren auf.

Grundsätzlich teilt sich das Kompetenzspektrum eines Auditors in unterschiedliche Qualifikationsmerkmale auf.

Dass Auditoren eine ausreichende Kompetenz in den Methoden des Auditierens vorweisen sollen, ist selbstredend. Darüber hinaus benötigen sie aber auch noch neben bestimmten persönlichen Eigenschaften ein umfangreiches Wissen und Fertigkeiten über Managementsysteme, als QM-Auditor insbesondere im Qualitätsmanagement und in der Qualitätssicherung, sowie Kenntnisse der Branchenspezifika.

Im Folgenden sind einige Merkmale, die der Auswahl der Auditoren dienen, aufgeführt (Bild 8):

▶ Dem anstehenden Auditor sollten Aufgeschlossenheit, Aufmerksamkeit, ein gesundes Urteilsvermögen, Beharrlichkeit, Offenheit und diplomatisches Geschick sowie analytische Fähigkeiten zu eigen sein. Die aufgelisteten persönlichen Eigenschaften zeigen, dass der Auditor einen ausgeglichenen und vermittelnden, aber resoluten Charakter haben sollte. Zusätzlich zu diesen Charaktereigenschaften sollte er für seine Aufgabe die Fähigkeit zur konsequenten Verfolgung von Fragen besitzen.

▶ Fertigkeiten zur Ausführung und Leitung von Qualitätsaudits sollten durch umfangreiche Schulung gewährleistet sein. Die methodischen Kompetenzen umfassen das Wissen und die Fertigkeiten, wie Audits im Ablauf geplant und durchgeführt werden. Der Umgang mit Vorbereitungsdokumenten, etwa der Erstellung von persönlichen Fragelisten und Festlegung des Umfangs der Stichproben, sind entscheidende Aspekte für die spätere Durchführung. Im Audit vor Ort muss er die strukturelle Führung eines Auditgesprächs beherrschen und fähig sein, entlang eines Leitfadens die Begehung immer zielgerichtet mit passenden Fragestellungen und Bewertungen von Antworten, Vorgängen und Dokumenten zu leiten.

▶ Ein angehender Auditor sollte Auditerfahrung besitzen. Bei Möglichkeit sollte das Unternehmen neben einer methodischen Ausbildung eine Einarbeitung in das Auditieren vorsehen, ihn z. B., bevor er als Auditteamleiter fungiert, in einer Einarbeitungsphase als Trainee oder Beobachter einsetzen.

▶ Die Auditorentätigkeit nimmt maßgeblich auf die Abläufe des Unternehmens Einfluss. Ein Auditor sollte daher übergreifende Unternehmenszusammenhänge erkennen und bei der Bestimmung von Verbesserungspotenzialen berücksichtigen können. Branchenkenntnisse und das Wissen und Verstehen des Umfeldes des Unternehmens sind hierfür elementar. Die Bedeutung von Produkten im Markt, Marktkenntnisse als solche und wichtige Verfahren im Markt- und Wettbewerbsumfeld erleichtern die zielführenden Audits.

▶ Das Mindestmaß an allgemeinen Fach- und Sachkenntnissen einschließlich der Mindestanforderungen an Schreib- und Ausdrucksweise sollte über diesen Ausbildungsstand nachgewiesen sein.

Geeignete Auditoren auswählen

Häufig werden die Auditoren nicht nach ihren Fähigkeiten, sondern nach Sachzwängen (zeitliche Verfügbarkeit, Fachkenntnisse etc.) ausgewählt. Methodische und soziale Aspekte werden bei der Auswahl vernachlässigt.

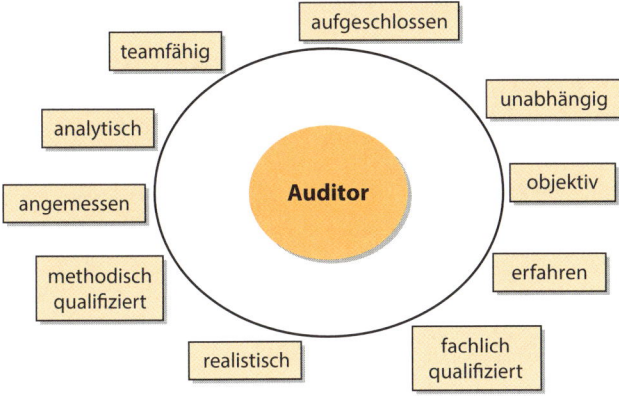

Bild 8: *Auditorenauswahl*

Probeaudits, bei manchen Zertifizierungs- oder Beratungs-
gesellschaften auch Voraudit, Generalprobeaudit oder ähnlich genannt, bilden eine hervorragende Möglichkeit, Vorgehensweise, Fähigkeiten und Eigenschaften des Auditors etwas
näher kennenzulernen. Ergeben sich grundsätzlich Zweifel
hinsichtlich der Eignung des Auditors, sollte die Organisation
den Mut aufbringen, diesen Auditor (extern oder intern)
nicht weiter einzusetzen. Im Falle eines internen Auditors
muss sich der Verantwortliche im Rahmen einer Leistungsbeurteilung überlegen, ob eine Weiterqualifikation sinnvoll
ist oder nicht. Eine spezifische, dem Unternehmen ange-
passte Checkliste mit den wichtigsten Auswahlkriterien, die
den Auditor persönlich nach dessen Fähigkeiten und Eigenschaften bewerten, sind dafür ein geeignetes Instrument. Die
Inhalte dieser Checkliste entnehmen Sie der ISO 19011.

DAS AUDITTEAM

In vielen Fällen ist die sinnvolle Auditierung ausschließlich über Auditteams zu gewährleisten. Diese Auditteams sind als Repräsentanten des Auditwesens eines Unternehmens sowohl der auditierten Organisation als auch dem Auditmanager verpflichtet. Deshalb muss die Anzahl, Auditorenauswahl und Aufgabenzuteilung der Auditteams sorgfältig geplant werden. Folgende Aspekte sollte der Auditmanager bei der Zusammensetzung des Teams berücksichtigen:

▶ Einschränkungen und Zuordnungen innerhalb der Organisation: Sicherstellung der Unabhängigkeit und Objektivität, Akzeptanz aller Auditoren, Vermeidung von Interessenkonflikten, Hierarchieaspekte, Zugriffs- und Verfügungsrechte auf Dokumente, Daten und Informationen etc.,

▶ Gesamtqualifikation: Kompetenz und Erfahrung in Summe aller Auditoren im Auditteam, falls notwendig, muss der Auditmanager zusätzlich Sachkundige einsetzen, die unter der Leitung eines bestimmten Auditors tätig sind,

▶ durchschnittliche erwartete Befragungszeit pro Auditiertem und Anzahl der Befragungen,

▶ Gesprächsdauer (Einführungsgespräch, Abschlussgespräch, Auditorenbriefing, Treffen Auditteam zur Vor- und Nachbereitung),

▶ Zeitachse für Audits (Datenanalyse und Vorbereitungszeit, Zeit für die Auditberichterstattung, Leerlaufzeiten wie Distanzüberwindungen etc.),

▶ Teamfähigkeit und Bereitschaft zur Kollegialität,

▶ formale Aspekte (von Akkreditierungs-, Zertifizierungsgesellschaften) beispielsweise bezüglich Ausbildung, Arbeitserfahrung, Schulung etc.

> **Auditteamleiter bestimmen**
>
> Voraussetzung für die Effektivität des Auditteams ist die eindeutige Ausweisung eines Auditteamleiters. Er ist verantwortlich für den Auditablauf. Dies betrifft die Vorbereitung, die Befragung und deren Berichterstattung gleichermaßen. Er ist für die Aufgabenverteilung im Team verantwortlich.

Die Übernahme der Verantwortung bedeutet nicht unmittelbar die praktische Ausführung aller anfallenden Tätigkeiten. Er weist jedem Auditor im Auditteam seine Rolle zu. Diese Rollenzuweisungen können in unterschiedlichster Ausprägung verschiedene Tätigkeiten umfassen.

2.4   Risiken im Auditprogramm

WORUM GEHT ES?

Sowohl bei der Festlegung des gesamten Auditprogramms als auch bei der Durchführung der einzelnen Audits selber können die unterschiedlichen Interessen der Beteiligten, die Nichtberücksichtigung fachlicher und emotionaler Aspekte und viele andere Gründe dazu führen, dass die Audits nicht zielführend durchgeführt werden, Ablehnung des gesamten Auditwesens bis hin zur Ablehnung des gesamten QM-Systems entsteht oder sogar fachlich falsche Aktionen eingeleitet werden. Dies gilt es im Vorfeld zu bedenken und mögliche Risiken diesbezüglich zu analysieren, zu bewerten und wenn notwendig mit Gegenmaßnahmen zu belegen.

WAS BRINGT ES?

Eine frühzeitige Betrachtung aller möglichen Risiken im Zusammenhang mit Audits ist eine wesentliche Voraussetzung, um die Akzeptanz, Effektivität und Effizienz der Audits und des unmittelbar damit in Verbindung gebrachten Qualitätsmanagementsystems zu erhöhen.

WIE GEHE ICH VOR?

Die Risikoanalyse bei der Durchführung von Audits ist in zwei Dimensionen einzuteilen. Zum einen muss der Auditprogrammmanager die Risiken betrachten und bewerten, die in seinen Verantwortungsbereich fallen. Zum anderen ist es auch Aufgabe eines Auditleiters, mögliche Risiken für seine Audits abzuschätzen. Die am häufigsten auftretenden Problematiken aufgrund der Nichtbeachtung von Risikofaktoren sind unter anderem:

▶ Risiken aufgrund der mangelnden Zieldefinition,
▶ Risiken aufgrund des unterschätzten Ressourceneinsatzes (z.B. fehlende Zeitressourcen für Planung und Durchführung),
▶ Risiken aufgrund der falschen Auswahl des Auditteams (z.B. mangelnde Kompetenzen, Stimmungen untereinander etc.),
▶ Risiken aufgrund der unzureichenden Umsetzung des Auditprogramms (z.B. unklare Kommunikation),
▶ Risiken aufgrund unzureichender und nicht nachvollziehbarer Auditaufzeichnungen (z.B. unklare Dokumentationsvorgaben),

▶ Risiken aufgrund des Fehlens eines Reviews und daraus abgeleiteter Verbesserung des Auditprogramms (z.B. fehlende Reviewmechanismen hinsichtlich Wirksamkeit).

Integration in Risikoworkshops

Ein Unternehmen integriert seine Analyse und Bewertung von Risiken, die aus dem Auditwesen resultieren, durch die Einbindung dieser Themen in sein Risikomanagementsystem. Ein Risikomanager schickt im Vorfeld eines Risikoworkshops einen Selbstbewertungsfragebogen zum Auditprogrammmanager und seinen Auditoren. Diese bringen sie ausgefüllt mit in einem Risikoworkshop, in dem (nicht direkt beteiligte) Abteilungsleiter und der Risikomanager auf Plausibilität und Interdependenzen zu anderen Risikofeldern alle möglichen Risikothemen des Audits abhandeln.

In welcher Weise und mit welcher Intensität die Risiken in einem Auditprogramm berücksichtigt werden, hängt von Faktoren ab wie Unternehmensgröße, QM-Politik des Unternehmens und vielen anderen. Die grundsätzlichen Bausteine für eine Risikobetrachtung

▶ mögliche Risikothemen festlegen,
▶ mögliche Risiken identifizieren und analysieren,
▶ mögliche Risiken nach einem einheitlichen Prozedere bewerten,
▶ wenn notwendig geeignete Maßnahmen ergreifen,
▶ sollten jedoch grundsätzlich eingehalten werden.

2.5   Die Umsetzung des Auditprogramms

WORUM GEHT ES?

Nach der Festlegung aller Rollen und Verantwortlichkeiten sowie aller planerischen Aktivitäten folgt die Durchführung der einzelnen Audits je nach Vorgabe über die Beauftragung des dafür eingeplanten Auditleiters und ggf. dessen Auditteams durch den Auditprogrammmanager oder durch die auditierte Einheit.

Der Auditleiter steuert „sein" Audit in verschiedenen Phasen, die in Bild 9 dargestellt sind.

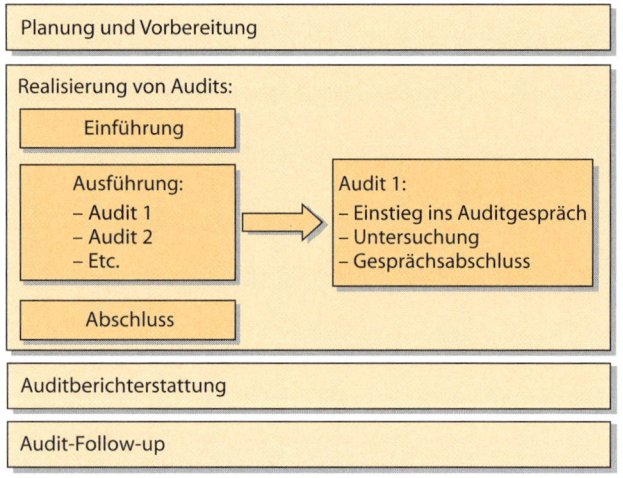

Bild 9: *Auditphasen im Überblick*

Obwohl die Durchführung eines Audits letztlich immer auch von der persönlichen Kompetenz, dem Meinungsbild und dem Verhaltensbild des Auditors abhängt, so soll doch in der Grundstruktur eine einheitliche Vorgehensweise gewährleistet sein. Deshalb sind grundsätzliche Verfahren und Methoden für die Durchführung in den einzelnen Phasen der Audits festzulegen und zu schulen.

WAS BRINGT ES?

Eine strukturierte Vorgehensweise, die allen Auditleitern und Auditoren gemein ist, stellt die Standardisierung des Auditwesens sicher und gewährleistet, dass alle Beteiligte in etwa die gleichen Vorstellungen und Erwartungen haben. Die Effektivität und Effizienz kann durch die abgestimmten Verfahren und Methoden erhöht werden, da diese zielgerichtet von allen eingesetzten Auditoren umgesetzt werden. Überschneidungen oder Vernachlässigung von wichtigen Themen, unzureichende Kommunikation oder Verhaltensregeln, unstrukturierte Vorbereitungen und Dokumentationen sind dadurch vermeidbar.

Die folgenden Kapitel betrachten die Verfahren und Prozesse für das einzelne Audit vor Ort.

3 Planen des Audits

3.1 Vorbereitung des Auditors

WORUM GEHT ES?

Die Planungs- und Vorbereitungsphase eines Audits vor Ort umfasst folgende Hauptgesichtspunkte:

▶ Übereinstimmung und ggf. Aktualisierung der Auditzielsetzung und Rahmenbedingungen mit den Vorgaben aus dem Auditprogramm,

▶ Verteilung der Aufgaben im Auditorenteam durch den Auditleiter,

▶ inhaltliche Vorbereitung der Auditoren durch Einholen, Sichten und Bewerten von dokumentierten Informationen,

▶ Erstellung von Fragelisten oder Checklisten bzw. Anfertigen von persönlichen Notizen,

▶ Abstimmung der Stichproben (Umfang, Objekte etc.),

▶ Planung des Auditablaufs (Termin, Ort, Zeit etc.) durch den Auditleiter.

Jedes Audit erfordert eine klare, strukturierte Vorgehensweise. Aus diesem Grund sollte sich jeder Auditor in der Vorbereitungsphase seinen individuellen „roten Leitfaden" für das Audit schaffen. Ein Auditfragenkatalog oder eine Auditcheckliste kann dieser „rote Leitfaden" sein. Als ebenso zweckmäßig erweisen sich Notizen und Anmerkungen in Prozessleitfäden oder Verfahrensbeschreibungen. Die Art der Vorbereitung muss in jedem Fall eine strukturierte und effiziente Vorgehensweise gewährleisten, und die Überlegungen zur Erreichung der Zielsetzung müssen immer im Vordergrund stehen. Moderne Auditchecklisten enthalten nicht nur Themen, die Normanforderungen wiedergeben (Bild 10).

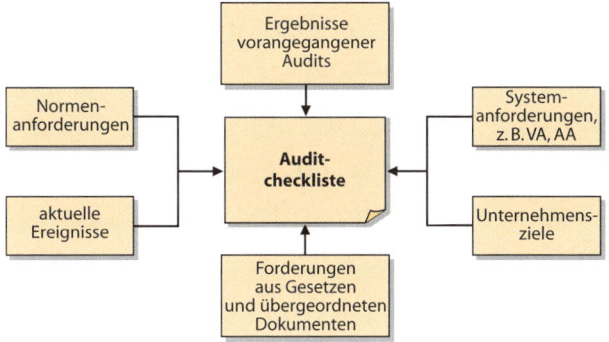

Bild 10: *Auditcheckliste*

Der Auditor lässt weitere Gesichtspunkte in das Auditgespräch und in seine Fragestellungen mit einfließen. Die effiziente Ermittlung von Verbesserungspotenzialen erreicht er unter Berücksichtigung der aktuellen Entwicklungen und Einflüsse im Unternehmen wie Unternehmensziele, aktuelle Projekte oder Ereignisse, neue Kundenanforderungen, Reklamationen etc.

WAS BRINGT ES?

Eine detaillierte Auditplanung und Auditvorbereitung optimiert Zeit- und Personalressourcen in Verbindung mit den gewünschten Auditergebnissen. Sie reduziert Fehl- und Blindleistungen im Auditablauf.

> **Fehlleistung im Auditablauf**
>
> Ein Unternehmen plante für ein Audit im Einkauf unter anderem das Thema Schulung ein. Aufgrund aktueller Problemstellungen des Beschaffungsprozesses, die sich während der Auditdurchführung ergaben, wurde das Thema Schulung nicht auditiert. In den anderen Bereichen plante der Verantwortliche dieses Thema nicht ein. Schulungen fanden deshalb in über zwei Jahren bei Audits keine Berücksichtigung. Obwohl der Auditor die Nichtberücksichtigung des geplanten Themas im Auditbericht festhielt, fehlte das Thema Schulung in der darauffolgenden Auditplanung.

Eine Vorbereitung mittels Erarbeitung einer individuellen Auditcheckliste dient zur Strukturierung des Auditgesprächs. Der Auditor erreicht damit eine gesteigerte Transparenz für sich und den Auditierten. Sie unterstützt ihn bei der Verfolgung der vollständigen und systematischen Themenbehandlung während des Auditgesprächs. Der Auditor vermerkt Beobachtungen und Maßnahmen den Themen und Bereichen klar zugeordnet. Dieses Vorgehen ist für die Erstellung eines späteren Auditberichts hilfreich. Der Auditor kann sich so auf die wesentlichen Zielsetzungen des Audits konzentrieren. Er erhält zusätzliche Sicherheit im Auditgespräch und kann auf Kommunikationsaspekte im Audit achten.

WIE GEHE ICH VOR?

Individuelle Auditchecklisten helfen, Aufgaben zu strukturieren, und unterstützen den Ablauf des Audits. Um als Auditor entsprechenden Mehrwert für das Unternehmen schaffen zu können, muss neben der Kompetenz und Erfahrung auch die Vorbereitung qualitativ hochwertig sein. Notwendig für das Erreichen dieser hohen Qualität ist eine ausreichende Menge an verwertbarer Information.

Entscheidende Fragestellungen und Tätigkeiten in der Vorbereitungsphase für einen Auditor sind also:

Für die Vorbereitung

▶ Wer macht welche Teile der Dokumentenüberprüfung?
▶ Aufstellen eines gemeinsam abgestimmten „roten Leitfadens".
▶ Aufstellen und Versenden des konkreten Auditplans.

Für die Durchführung

▶ Wer protokolliert wie und wann?
▶ Wird eine sach- bzw. fach-, funktions- oder kapitelbezogene Themenverteilung getroffen?
▶ Wer führt wie das Einführungs- und Schlussgespräch (Zuteilung der Gesprächseckpunkte)?
▶ Wie führt man seine Kollegen bzw. das Gespräch bei kniffligen Gesprächssituationen wieder auf eine entspannte Ebene zurück?
▶ Wie verhält sich das Auditteammitglied, falls ein Mitglied den besprochenen „roten Leitfaden" verliert oder falsche Aussagen den Auditierten gegenüber tätigt?
▶ Wer kümmert sich wie um das Zeitmanagement?

Für die Nachbereitung

▶ Wer schreibt den Auditbericht? Gibt es eine Aufteilung? Schreibt jeder seinen Frageteil oder fertigt ein Mitglied einen kompletten Erstentwurf an, um dann von den anderen ergänzt zu werden?
▶ Wie erfolgt die Abstimmung der Auditberichterstellung?
▶ Wer schickt den Bericht zum Auditierten?

Diese aufgeführten Aspekte zeigen eine Auswahl von Aktivitäten, die der Auditteamleiter im Vorfeld des Audits im Auditteam abstimmen muss.

> **Die Auditoren sind ein Team**
>
> Wichtiger Ausgangspunkt für den Auditteamleiter ist dabei die Einsicht, dass ein Auditteam aus mehreren gleichwertigen Auditoren besteht und er die Aufgabenverteilung nicht im Sinne von „Chef und sein Protokollant" versteht.

Nutzen von verschiedenen Informationsquellen

Wo kann der Auditor welche Art von Informationen finden? Ich möchte Ihnen an dieser Stelle einen Strukturvorschlag mit inhaltlichen Beispielen geben, der sich in der Praxis bewährt hat.

> **Infoquellen zur Vorbereitung**
>
> 1. Leitdokumente
> * Gesetze, Verordnungen, behördliche Anordnungen, Satzungen, Technische Regelwerke, Genehmigungsbescheide, Vorschriften der Berufsgenossenschaften, Regulative der Verbände, Normen mit „Muss-Charakter" (VDE-Normen etc.),
> * Qualitätssystem-, Produkt-, Prozessstandards (ISO 9001 etc.),
> * Standards und Konzepte mit Empfehlungscharakter (ISO 9004, EFQM-Modell etc.),
> * branchenspezifische Standards wie VDA 6. ff., ISO/TS 16949, TL 9000,
> * gesellschaftspolitische oder organisationseigene Leitsätze und Richtlinien.

2. Umsetzungsdokumente
- Managementhandbücher und Betriebshandbücher,
- Verträge,
- Inhaltsverzeichnis einzelner Regelwerke (z.B. Übersicht von Werkrichtlinien, Übersicht von Projektordnern etc.),
- allgemeine Unternehmensübersichten wie Werbeträger (Informationsbroschüren, Homepage, Flyer etc.), Bilanzen, Produktportfolio etc.

3. Verfahrensdokumente
- Prozessleitfäden, Verfahrensanweisungen, Arbeitsanweisungen, Prüfanweisungen, Prüfpläne, Betriebsanweisungen, Anlagenbeschreibungen, Betriebsanleitungen etc.

4. Detaillierungsdokumente
- Zeichnungen, Bestellscheine, Produktspezifikationen, Debitorenlisten, Statistische Prozesskarten, Materialprüfzeugnisse etc.

5. Kennzahlen
- Kundenzufriedenheitsauswertungen, Reklamationsstatistiken, Fehlerquoten, Umsatz/Mitarbeiter, Fluktuationsrate, Mitarbeiterzufriedenheitsindex, Anlageintensität, Cashflow, Cash-to-Cash-Zyklus etc.

6. Organisationsübergreifende Informationen
- Verbandsinformationen, Branchenreports, Fachzeitschriften, Kundenbarometer, Messeberichte und -neuheiten, Untersuchungsergebnisse, Umfragen, Benchmark-Vergleiche

7. IT-Kenntnisse und Informationen
- Betriebsanleitungen von Microsoft-Produkten, SAP-Handbücher etc.

Vorgehensweise bei der Erstellung von Checklisten

Der Mindestanspruch an den Auditor für ein Qualitätsaudit ist die ausreichende Unterlagenprüfung der Dokumentation des Managementsystems.

Hierfür kann er unterschiedliche Vorgehensweisen wählen:

▶ Abgleich gegenüber Normen

Die einfachste Form der Unterlagenprüfung ist die Anwendung der entsprechenden Norm als Checkliste. Beispielsweise kann der Auditor die Norm ISO 9001 als Vergleichsdokument direkt nutzen, indem er diese den Dokumenten der auditierten Organisation gegenüberstellt und den Erfüllungsgrad bestimmt.

Noch etwas einfacher gestaltet sich die Anwendung der Norm als Checkliste, wenn diese in Frage- oder Stichwortform gefasst ist. Entweder überprüft der Auditor der Reihe nach alle Forderungen der Norm und sucht an den entsprechenden Stellen in der Dokumentation. Oder er überprüft die vorgelegte Dokumentation der auditierten Einheit kapitelweise und gleicht diese mit den Forderungen an den entsprechenden Stellen der Norm ab.

▶ Überprüfung der Managementdokumentation ohne Normenabarbeitung

Eine zweite mögliche Vorgehensweise der Dokumentationsprüfung bietet insbesondere bei reiferen Managementsystemen die Überprüfung der Dokumentation auf Widersprüchlichkeiten, Unangemessenheit oder Unpraktikabilität der dokumentierten Aktivitäten und das Ausweisen von Lücken in den Darstellungen. Bei dieser Vorgehensweise geht es im Wesentlichen um das direkte Erkennen von Verbesserungspotenzialen aus den vorgelegten Dokumenten, Aufzeichnungen und sonstigen Informationen. An den entsprechenden Stellen kann der Auditor seine Anmerkungen notieren und im Audit Punkt für Punkt abarbeiten. Der kapitelweise Abgleich gegenüber Normen und Standards spielt eine untergeordnete Rolle.

Wegen der Forderung der auditierten Einheiten nach einer schnellen und transparenten Übersicht über die Auditergebnisse in ihrem Bereich gehen immer mehr Unternehmen dazu über, die im Audit verwendete Checkliste so aufzubereiten, dass sie gleichzeitig das Ergebnisprotokoll darstellt. Bei Zertifizierungsgesellschaften dienen die standardisierten Fragelisten zum Teil als wichtiger Bestandteil der Nachweisführung bezüglich ihrer Akkreditierung.

3.2 Planung des Auditablaufs

WORUM GEHT ES?

Die Planung für ein Audit beschränkt sich nicht auf das Auditprogramm. Der Auditor sollte eine Planung des Auditablaufs und dessen Rahmenbedingungen vornehmen. Insbesondere bei externen Audits ist diese Detailplanung notwendig, da in den meisten Fällen ein umfangreiches Systemaudit für ein Unternehmen oder einen Standort stattfindet. Der Auditleiter sollte einen Plan zur Festlegung der entsprechenden Aspekte erstellen.

WAS BRINGT ES?

Ein Auditplan (Bild 11) in schriftlicher Form vermeidet Missverständnisse und Verzögerungen im Auditablauf. Der auditierte Bereich kann die entsprechenden Ansprechpartner, Unterlagen etc. für einen effizienten Auditablauf bereithalten. Das Audit stört das Tagesgeschäft des auditierten Bereichs nur in geringem Maße, da durch die Ablaufplanung die Auditierten noch andere Termine wahrnehmen können. Anhand eines schriftlichen Plans kann der Auditor im späteren Verlauf eventuelle Verschiebungen von Auditgesprächen oder Begehungen nachvollziehbar vornehmen.

ABC KG – Audit-Jahresplan				
lfd. Nr.	zu auditierende Stelle	Auditor	Termin	Status
	Geschäftsleitung, Betriebsleitung	...	Februar	
	Verwaltung	...	Februar	
	Einkauf	...	Februar	
	Managementbeauftragter	...	Februar	
	Vertrieb	...	Februar	
	...	...	...	

erstellt: Datum, Unterschrift

geprüft und genehmigt: Datum, Unterschrift

Legende:
- ☒ Audit geplant
- ☒ Audit durchgeführt
- ☒ Korrekturmaßnahme(n) erforderlich
- ☒ Korrekturmaßnahme(n) eingeleitet
- ☒ Korrekturmaßnahme(n) überprüft und wirksam

Bild 11: *Auditplan*

WIE GEHE ICH VOR?

Der Auditor kann den Auditplan in einem protokollierten Vorabgespräch mit dem Verantwortlichen des auditierten Bereichs festlegen. Der Auditplan sollte in jedem Fall mit dem auditierten Bereich rechtzeitig abgestimmt werden (circa vier Wochen vor Auditbeginn) und folgende Aspekte berücksichtigen.

Inhalte der Auditplanung

▶ Detaillierte zeitliche Planung (z.B. Tagesagenda, Zeit für Einführungsgespräch, Begehungen, Zeit für Abschlussgespräch).

Pufferzeiten einplanen

Planen Sie in den Auditplan Pufferzeiten zur internen Abstimmung, Klärung von Aufgabenverteilungen, Diskussion der Interpretationsspielräume bei zu treffenden Entscheidungen im Auditteam ein. Diese Abstimmungszeiten können bei unvorhergesehenen Verschiebungen, Verspätungen von Auditteilnehmern oder Störungen zusätzlich als Puffer genutzt werden.

▶ Auditkriterien als Auditgrundlage festlegen (Forderungen von Normengrundlagen wie ISO 9001, Managementsystembereiche, Verfahren, Prozesse, Qualitätsziele, Projekte).

Festlegung von Themenschwerpunkten

Der Auditleiter legt für die einzelnen Auditgespräche (zwei bis drei Stunden) Themenschwerpunkte (zwei bis vier) fest. Vermeiden Sie die Festlegung von zu vielen Schwerpunkten in einem Auditgespräch, da Sie sonst die Themen nur sehr oberflächlich behandeln können. Das Audit hat Stichprobencharakter.

▶ Auditbeteiligte (Auditoren, Sachverständige, Bereichsverantwortliche, Spezialisten, Sachbearbeiter, Werker etc.).

Neben den oben aufgeführten formalen Gesichtspunkten möchte ich noch praktische Hinweise für die Planung und Vorbereitung geben.

Checklisten nur unter Vorbehalt aushändigen

Häufig fragen auditierte Bereiche im Vorfeld eines Audits nach Auditfragekatalogen oder Checklisten zur Vorbereitung. Grundsätzlich spricht nichts dagegen, die Auditchecklisten vor dem Audit zur Verfügung zu stellen. Der Auditmanager muss dann darauf hinweisen, dass die Checklisten nur einen Leitfaden zur Orientierung für das Auditgespräch bieten. Es könnte Ihnen sonst passieren, dass Ihnen der Befragte entgegnet: „Diese Frage steht aber nicht in der Checkliste. Darauf habe ich mich nicht vorbereitet."

Achten Sie des Weiteren darauf, dass weder die Auditoren noch die Auditierten zahlenmäßig in Überzahl sind. In beiden Fällen führt die Überzahl zu einem Gesprächsklima, das eine offene Gesprächsatmosphäre in den meisten Fällen verhindert. In der Praxis eignet sich die gleichzeitige Befragung von mehrere Personen nur bei der Auditierung von Projekten. Hier kann der Auditor Zeit sparen, da er die Schnittstellen zwischen den Beteiligten hinterfragen kann.

Trennung der Auditoren

Ein weiteres Mittel, das den Auditoren zur Verfügung steht, ist die Möglichkeit, sich im Audit auf verschiedene Bereiche zu verteilen und so parallel zu arbeiten. Dieses Vorgehen sollte bereits bei der Planung berücksichtigt und ggf. als Alternative der auditierten Organisation mitgeteilt werden.

Die Auditplanung eines externen Audits muss sämtliche Planungsaspekte, die sich bei internen Audits auf das Auditprogramm bzw. das mögliche Infoschreiben verteilen, in einem Auditplan zusammenfassen.

Der Auditplan kann gegebenenfalls zusätzliche Hinweise auf

▶ die Vertraulichkeit des Audits,
▶ die Auditsprache,
▶ die Auditberichtsform,
▶ das Datum der Übergabe oder der Verteilung des Auditberichts oder
▶ die Bereitstellung spezieller Räumlichkeiten für die Auditoren oder Hilfsmittel (PC-Anschluss zum Intranet etc.) beinhalten.

3.3 Außerplanmäßige Audits

WORUM GEHT ES?

Der Begriff Audit ist als „systematische Untersuchung" definiert. Trotzdem erfordern bestimmte Situationen und Vorfälle die Durchführung von ungeplanten Audits. Diese außerplanmäßigen Audits erscheinen nicht im Auditprogramm, doch führt sie der Auditor nicht willkürlich durch.

WAS BRINGT ES?

Sie dienen einem Unternehmen dazu, die Auswirkung von Umstrukturierungen, internen Fehlern, Reklamationen etc. zu hinterfragen. Ziel und Zweck ist die schnelle Einleitung von geeigneten Korrekturmaßnahmen.

WIE GEHE ICH VOR?

Der Auditmanager kündigt außerplanmäßige Audits an. Sie bedürfen einer Vorbereitung, damit eine effektive und effiziente Ursachenanalyse möglich ist. Dies ist der Fall, wenn etwas in der Organisation nicht wie gewohnt oder geplant umgesetzt wird, wie beispielsweise

- ▶ Änderungen in der Organisationsstruktur (Neueinteilung der Geschäftsbereiche etc.),
- ▶ Einsatz eines großen Anteils von neuen Mitarbeitern,
- ▶ hohe Mitarbeiterfluktuation in einem Bereich,
- ▶ neu eingeführte Prozesse (neue Fertigungsverfahren, Einführung eines Außendienstes etc.),
- ▶ sprunghafter Anstieg der Reklamationen oder interner Qualitätsprobleme,
- ▶ Einführung neuer Arbeitsmethoden (Gruppenarbeit, Total Productive Maintainance etc.).

4   Ausführung

4.1   Einführungsgespräch

WORUM GEHT ES?

Wesentliche Gesichtspunkte des Einführungsgesprächs sind die gegenseitige Vorstellung der Beteiligten, die Klärung der Methoden und Ziele und die zeitliche Abfolge des Audits. Inhalt, Umfang und formales Vorgehen unterscheiden sich jedoch, je nachdem wie gut sich Auditoren und Auditierte bereits kennen und wie viel Erfahrung die Beteiligten mit Audits haben.

WAS BRINGT ES?

Das Einführungsgespräch dient der Schaffung einer gemeinsamen Kommunikationsbasis. Diese basiert auf einer zwanglosen, offenen und Vertrauen schaffenden Atmosphäre zwischen beiden Seiten und der Einsicht, dass beide Seiten, sowohl Auditoren als auch Auditierte, für das Ergebnis, den gemeinsamen Erfolg, verantwortlich sind.

WIE GEHE ICH VOR?

 Ziele des Einführungsgesprächs

- Einführung und Vorstellung
- Bewertung des Umfanges, Auditplans, Zeitplans
- Übersicht über Methodik und Verfahren
- Kommunikationsbasis schaffen
- Motivation zur aktiven Teilnahme
- Bestätigung der Verfügbarkeit nötiger Mittel
- Bestätigung für Zeit und Datum des Abschlussgesprächs

Neben der klaren Strukturierung des Auditgesprächsverlaufs, wie sie Bild 12 beispielhaft zeigt, sollte der Auditor auch auf die Beseitigung eventueller Störungen hinweisen (Kundenbesuche, Telefongespräche). Vor allem für Audit-Unerfahrene ist es wichtig darauf zu verweisen, dass das unkommentierte Mitnotieren des Auditgesprächs den Gesprächsverlauf protokolliert, als Basis für den Bericht dient und hilfreich ist, um während des gesamten Ablaufs den Überblick zu behalten. Solche Notizen sind *nicht* automatisch gleichzusetzen mit dem Festhalten von Abweichungen.

– Begrüßung
– Vorstellung des Auditteam-Leiters
– Vorstellung der anderen Auditteam-Mitglieder
– Vorstellung der Vertreter der auditierten Organisation
– den Anwendungsbereich des Audits ins Gedächtnis rufen
– erklären, wonach auditiert wird (z. B. ISO 9001, etc.)
– die Bedeutung der Auditergebnisse erläutern
  (z. B. Zertifizierung, anerkannter Lieferantenstatus, etc.)
– Ablauf der Berichterstattung erklären, einschließlich Feedback-,
  Abschlusstreffen und Berichte
– Zeitplan überprüfen auf Machbarkeit, ggf. Korrekturen
  (unbedingt die Zeit für das Abschlussgespräch vereinbaren)
– um Unterstützung für das Auditteam bitten, z. B. Arbeitsräume,
  -flächen, Kopier- und Druckmöglichkeiten, Essen und Getränke
– die Rolle der Begleiter erläutern
Quelle: Wealleans (2000), Seite 165.

Bild 12: *Agenda eines Einführungsgesprächs*

4.2   Untersuchungsgrundsätze

WORUM GEHT ES?

Nach einem kurzen Einstieg in das jeweilige Auditgespräch beginnt der Auditor mit dem eigentlichen Audit. Er untersucht, ob der auditierte Bereich Festlegungen der Organisation (mündlich oder schriftlich), Anforderungen von Normen sowie gesetzliche Vorgaben in die Praxis umsetzt. Er muss bestimmte Untersuchungsgrundsätze beachten, um effizient vorzugehen. Nur so kann er sachliche und objektive Feststellungen treffen. Bild 13 zeigt die Untersuchungsgrundsätze die ein Auditor beachten sollte.

Bild 13: *Wesentliche Grundsätze der Audituntersuchung*

WAS BRINGT ES?

Anhand von konkreten Fällen und Nachweisen muss der Auditor die festgelegten Prozesse und Verfahren nachvollziehen. Die Feststellungen sind frei von jeglicher Bewertung und beschreiben einen Sachverhalt. Darüber hinaus hinterfragt der Auditor die Eignung und Wirksamkeit der Festlegungen.

Die Untersuchung soll ein objektives Auditergebnis liefern, dem der auditierte Bereich zustimmt. Für diesen Spagat zwischen Prüfung und gemeinsamer Suche nach Verbesserungspotenzialen ist eine sachliche und tief greifende Untersuchung von Nöten.

WIE GEHE ICH VOR?

Um die Zielsetzungen des Audits zur erreichen, müssen die Auditoren einige Grundsätze zur Audituntersuchung beachten.

Vom Allgemeinem zum Detail

Der „rote Faden" im Auditgespräch ist maßgeblich für den Erfolg eines Audits. Die Transparenz des Gesprächsinhalts für alle Beteiligten ist ein wichtiger Bestandteil des „roten" Gesprächsfadens. Der Auditor lenkt das Gespräch durch seine Fragen. Er steuert es in die gewünschte Richtung.

In der Regel geht das Gespräch von allgemeinen, bzw. übergreifenden Themen (Ziele des Bereichs, Funktion des Gesprächspartners, Zusammenarbeit mit der Gesamtorganisation etc.) zu konkreten Detailfragen über. Detailfragen ergeben sich aus den vorher gegebenen Antworten. Jeder Gesprächsteilnehmer weiß, in welchem Themenkomplex er sich befindet. Der Auditor behält seinen „roten Gesprächsfaden" bei. Bild 14 zeigt die Systematik auf.

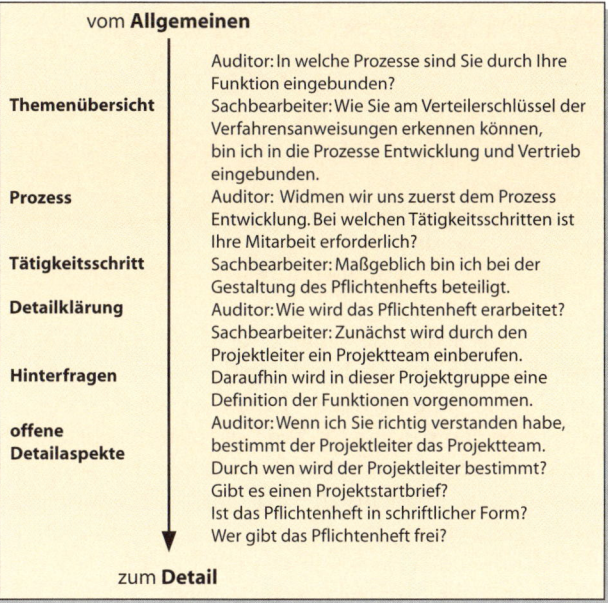

vom **Allgemeinen**

Themenübersicht	Auditor: In welche Prozesse sind Sie durch Ihre Funktion eingebunden?
	Sachbearbeiter: Wie Sie am Verteilerschlüssel der Verfahrensanweisungen erkennen können, bin ich in die Prozesse Entwicklung und Vertrieb eingebunden.
Prozess	Auditor: Widmen wir uns zuerst dem Prozess Entwicklung. Bei welchen Tätigkeitsschritten ist Ihre Mitarbeit erforderlich?
Tätigkeitsschritt	Sachbearbeiter: Maßgeblich bin ich bei der Gestaltung des Pflichtenhefts beteiligt.
Detailklärung	Auditor: Wie wird das Pflichtenheft erarbeitet?
	Sachbearbeiter: Zunächst wird durch den Projektleiter ein Projektteam einberufen.
Hinterfragen	Daraufhin wird in dieser Projektgruppe eine Definition der Funktionen vorgenommen.
offene Detailaspekte	Auditor: Wenn ich Sie richtig verstanden habe, bestimmt der Projektleiter das Projektteam. Durch wen wird der Projektleiter bestimmt? Gibt es einen Projektstartbrief? Ist das Pflichtenheft in schriftlicher Form? Wer gibt das Pflichtenheft frei?

zum **Detail**

Bild 14: *Beispiel eines Auditgesprächs*

Allgemeine Abläufe anhand von konkreten Fällen nachvollziehen

Der Auditor minimiert Missverständnisse im Audit durch die Einbeziehung konkreter Vorgänge in seine Fragestellung. Er vollzieht die Umsetzung von Vorgaben oder Eingaben nach Möglichkeit an Praxisfällen nach.

Untersuchen Sie konkret und praxisnah

z.B.:
- einen konkreten Auftrag,
- eine Bestellung,
- ein Projekt,
- einen Servicevertrag,
- eine Beschwerde oder
- die Lieferantenbeurteilung eines Lieferanten.

Diese Vorgehensweise bringt zwei Vorteile mit sich. Das Auditteam überprüft stichprobenartig die Umsetzung der Vorgaben und Anforderungen. Zusätzlich schafft diese Vorgehensweise Transparenz für alle Gesprächsbeteiligten. Die Auditteilnehmer können anhand von konkreten Vorgängen Abweichungen, Problemstellungen und Verbesserungspotenziale diskutieren.

Messungen oder Tätigkeiten durchführen

In einigen Fällen eignet sich als Verifikationsmethode während des Audits die Durchführung von Messungen oder die Abarbeitung der entsprechenden Tätigkeiten.

Prüfmittelwesen

Beispielsweise führt eine Organisation eine Auswahl von anstehenden Prüfungen im Prüfmittelwesen zum Teil in Anwesenheit des Auditors gemäß den Vorgaben durch. Auf diese Weise kann der Auditor den Vorgang überprüfen und die Organisationseinheit spart sich Zeit, da die Prüftätigkeit ohnehin stattfinden muss.

Unterlagen einsehen

Ein Auditor sammelt während des Audits Auditnachweise. Er sieht Dokumente und Aufzeichnungen ein. Diese können in jeglicher Form vorliegen. Sie sind nicht an das Speichermedium Papier gebunden, sondern können auf anderen Datenträgern, wie zum Beispiel Festplatten, Disketten oder als Videobänder, vorliegen.

Der Auditor benötigt eine ausreichende Stichprobenmenge an Nachweisen, um Aussagen über den Umsetzungsgrad machen zu können.

 Einzelfälle reichen nicht aus
Einzelfälle belegen noch nicht die Unwirksamkeit eines festgelegten Systems. Sammeln Sie als Auditor ausreichend Nachweise.

Eine fehlende Unterschrift belegt zum Beispiel noch nicht die Unwirksamkeit eines festgelegten Systems im Umgang mit Dokumenten. Erst die Häufung von fehlenden Unterschriften stellt die Wirksamkeit des Systems in Frage. Ob der Auditor einen Sachverhalt als Abweichung ausreichend verifizieren kann, liegt in seinem Ermessen. Er entscheidet allein, ob für ihn der Sachverhalt aufgrund der vorliegenden Unterlagen als Nachweis in ausreichender Form bewiesen ist. Als Hilfestellung kann folgende Anmerkung dienen: ein Beispiel alleine ist oftmals ein Hinweis für die Unwirksamkeit bestimmter Regelungen. Der Beweis, dass etwas nicht gemäß den Vorgaben abläuft, ist damit in der Regel nicht getroffen.

Entscheidet ein Auditor auf Nebenabweichung bezüglich der Systematik eines Managementsystems, muss er mindestens an einem oder zwei weiteren Beispielen den Nachweis finden, dass etwas nicht gemäß den Vorgaben stattfindet.

Stichprobenauswahl

Das Beispiel einer Vertriebsabteilung zeigt die gängige Praxis für die Stichprobenauswahl von Unterlagen. Die Abteilung verarbeitet pro Tag ungefähr fünfzig Aufträge. Für das Audit hielt sie fünf Auftragseingänge bereit. Der Auditor griff jedoch auf einen Vorgang des letzten Monats zurück. Er erkannte an dem Beispiel die Aberkennung des Kunden der Allgemeinen Geschäftsbedingungen des Unternehmens. Der Kunde änderte diese zu seinen Gunsten ab. Dieser Abänderung wurde bei der Auftragsprüfung nicht widersprochen.

Das obige Beispiel zeigt einen weiteren wichtigen Aspekt bei der Auswahl geeigneter Unterlagen als Auditstichprobe. Der Auditor griff im vorliegenden Fall auf Unterlagen zurück, die die Organisation nicht vorbereitet hatte. Diese Vorgehensweise ist bevorzugt anzuwenden. Der Auditor kann so ausgewählt optimale oder gar manipulierte Unterlagen zum größten Teil für seine Stichprobe ausschließen.

Sie bestimmen, was Sie sehen möchten

Wählen Sie die Unterlagen aus, die Sie einsehen möchten. Greifen Sie auf Unterlagen zu, die nicht vorbereitet wurden.

Verschiedene Personen in das Audit einbeziehen

Der Auditor kann die Objektivität des Audits durch die Einbeziehung verschiedener Personen steigern. Auditnachweise können vom Auditor aufgenommene Aussagen verschiedener Personen sein. Ein Nachweis muss nicht unbedingt in Schriftform vorliegen. Hierzu ein Beispiel:

Praktikable Umsetzung auch ohne Schriftform

Ein Auditor auditierte ein Dienstleistungsunternehmen mit zehn Mitarbeitern. Auf die Frage des Auditors an drei Mitarbeiter hinsichtlich der Umsetzung der Angebotsphase antworteten diese unabhängig voneinander gleich. Es lag keine schriftliche Anweisung für die Vorgehensweise vor. Das Verfahren wurde in der Vergangenheit mündlich diskutiert und für alle Mitarbeiter zwingend festgelegt. Der Auditor kannte die Vorgehensweise als praktikable Umsetzung an.

Hätte der Auditor nur eine Person befragt, könnte er nur grob mutmaßen, dass das Verfahren der Angebotsbearbeitung wirksam umgesetzt ist. Er könnte keine Vergleiche zwischen den Aussagen ziehen.

Die Notwendigkeit verschiedene Aussagen zur Steigerung der Objektivität einzuholen, zeigt zusätzlich das folgende Beispiel auf:

Mehrere Aussagen fügen sich zu einem Gesamtbild

In einem Audit erklärt der Abteilungsleiter Produktion, dass die Einstellung von Maschinen seit einiger Zeit nicht von einem Einrichter, sondern von den Produktionsmitarbeitern vorgenommen wird. Der Qualitätsleiter erzählt dem Auditor bei der Begehung, dass dieser Versuch vor zwei Monaten abgebrochen wurde, da der interne Ausschuss anstieg. Im Gespräch vor Ort mit verschiedenen Mitarbeitern stellte sich heraus, dass sie das Einrichten der Maschinen seit vier Wochen gemäß der Arbeitsanweisung selbst vornehmen.

Viele Beispiele der Auditpraxis zeigen, dass einzelne Aussagen von Gesprächspartnern nicht unbedingt die tatsächliche Handhabung im Unternehmen widerspiegeln. Diese Aussagen sind überwiegend keine bewusst getroffenen „Falschaussagen". Gerade aus diesem Grund ist die Einbeziehung verschiedener Personen notwendig, um sich ein Gesamtbild zu verschaffen.

„Büroaudits" vermeiden

Professionelle Auditoren führen Audits an den Stellen durch, wo die Arbeit getan wird. In Besprechungsräumen stattfindende Audits diskutieren häufig nur die theoretischen Abläufe. Der Auditor vernachlässigt die Betrachtung der Umsetzung. Nach Möglichkeit sollte der Auditor am Arbeitsplatz das gesamte Auditgespräch führen. Das Einsehen von konkreten Vorgängen sowie Unterlagen ist ohne Zeitverlust möglich. Nicht immer kann der Auditor aus Platzgründen oder wegen der Lärmbelastung vor Ort ungestört auditieren.

> **Bei Audits in der Produktion**
> Auditieren Sie zunächst anhand einer Prozessbeschreibung oder Verfahrensanweisung den theoretischen Ablauf an einem ruhigen Ort. Vollziehen Sie anschließend vor Ort die Umsetzung in der Praxis nach.

Die Betrachtung der Abläufe am Arbeitsplatz hat noch einen wichtigen zusätzlichen Effekt, nämlich die Anerkennung des Auditwesens als sinnvolles Instrument der Unternehmensführung bei den Mitarbeitern. Aussagen, wie zum Beispiel: „Der Auditor wollte nur Papier sehen", „In der Fertigung tauchte der Auditor nicht auf" oder „War der Auditor überhaupt schon da?" sollten die Ausnahme bleiben.

„Zeitfressern" entgegenwirken

Den meisten externen Auditoren sind vermutlich die Taktiken der Auditierten zur Verkürzung der effektiven Auditzeit bekannt. Steht eine Zertifizierung oder ein Audit im Rahmen eines Vertragsabschlusses an, handeln viele Auditierte nach dem Grundsatz: Je weniger Zeit dem Auditor zur Verfügung steht, umso weniger „Schwachpunkte" erkennt er. Die Folge ist der Einsatz von unfairen Taktiken, um die effektive Auditzeit zu verkürzen. Hier eine beispielhafte Aufzählung typischer Vorgehensweisen, von denen mir verschiedene Auditoren berichteten:

 Beliebte Zeitschinder

- ausgiebige Telefonate während des Audits,
- Pausen in der Kantine und nicht am Arbeitsplatz,
- langgedehnte Mittagspausen in einem entfernt liegenden Restaurant,
- keine Vorbereitung von Transportmöglichkeiten,
- ausgedehnte Präsentation des Unternehmens im Einführungsgespräch,
- ständiges Infragestellen der Vorgehensweise der Auditoren,
- Grundsatzdiskussionen über die Sinnhaftigkeit von Qualitätsmanagementsystemen oder
- Privatgespräche über die Interessen des Auditors.

Was kann der Auditor gegen diese Zeitfresser unternehmen? Der erste Schritt muss darin bestehen, diese Taktiken bewusst wahrzunehmen. Situationsbedingt kann der Auditor dann reagieren, indem er zum Beispiel auf die Vermeidung von Störungen durch Telefonate im Vorfeld hinweist, auf ausgiebige Kaffeepausen verzichtet oder Grundsatzdiskussionen auf einen späteren Zeitpunkt verschiebt. Außerdem kann er bereits im Vorfeld durch ausreichende Planung und Vorbereitung des Audits manchem dieser „Zeitfresser" entgegenwirken.

4.3 Untersuchungsmethoden

WORUM GEHT ES?

Neben den allgemeinen Grundsätzen zur Audituntersuchung kann sich der Auditor verschiedener Methoden der Auditierung bedienen. Er kann entlang von Prozessen auditieren, abteilungsweise oder Ereignis bezogen vorgehen. Die verschiedenen Vorgehensweisen bzw. Methoden bieten Vor- und Nachteile in ihrer Umsetzung. Das folgende Kapitel soll Ihnen Hilfestellung bei der Auswahl der passenden Methode geben.

WAS BRINGT ES?

Die Vorgehensweise zur Auditierung hat große Auswirkungen auf das Auditergebnis sowie den Zeit- und Personalbedarf für das Audit. Je nach Schwerpunkt des Audits – beispielsweise Auffinden von Verbesserungspotenzialen oder Einhaltung von Gesetzen – kann eine prozessorientierte oder eine abteilungsweise Auditierung nützlich sein.

WIE GEHE ICH VOR?

Methode 1: prozessorientierte Auditierung

Alle Aktivitäten in einem Unternehmen sind im Gesamtkontext von zusammenwirkenden Prozessen zu sehen. Existiert ein sichtbares Prozessmodell, in welcher Form auch immer, kann sich der Auditor vom Prozessschritt eines ausgewählten Prozesses bis zum letzten Prozessschritt „durchhangeln".

Die Fragen, die grundsätzlich immer eine Rolle spielen, sind:

▶ Existiert der Prozess zur Prozesserkennung?
▶ Sind Abfolgen innerhalb einer Prozesskette und Wechselwirkungen zwischen Prozessen festgelegt und wird das interne Kunden-Lieferantenprinzip ausreichend betrachtet?
▶ Sind messbare Annahmekriterien für Qualitätsmerkmale aufgestellt?
▶ Sind Ressourcen, qualifiziertes Personal und Informationen ausreichend vorhanden?
▶ Werden die Vorgehensweisen überwacht, gemessen, analysiert und verbessert?
▶ Gibt es ein Werkzeug zur Wirksamkeitsprüfung?

Die prozessorientierte Auditierung
eignet sich vor allem bei etablierten Managementsystemen sowie zum Auffinden von Verbesserungspotenzialen bezüglich Schnittstellen und Effizienz.

Vorbereitung:
Bei einem Prozessaudit bestimmt der Prozess maßgeblich die Themen und Fragestellungen eines Audits. Vorgefertigte

Checklisten mit grundlegenden Fragen als roter Leitfaden sind bei einem Prozessaudit möglich (Bild 15), bieten aber nur eine oberflächliche Fragentiefe. Der Auditor kann eine spezifische Prozessauditcheckliste erst bei der Dokumentationsprüfung fertig stellen.

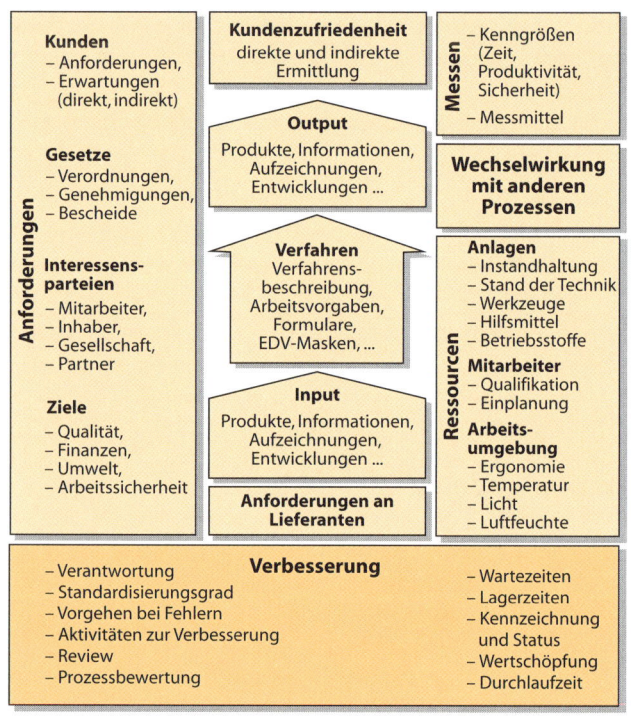

Bild 15: *Umfassendes Prozessaudit*

Will er den Zielsetzungen des Prozessaudits nachkommen und eine Verbesserung des Prozesses erreichen, sind detaillierte Kenntnisse des Prozesses bereits vor Durchführung des Audits vor Ort notwendig. Falls diese Kenntnisse nicht vorhanden sind, muss entsprechend mehr Zeit für das Audit vor Ort eingeplant werden.

Der Umfang der Vorbereitung schließt folgende charakteristische Merkmale eines Prozesses mit ein:

▶ Prozessanforderungen und -anordnungen (z. B. Verfahrensanweisungen, Arbeitsbeschreibungen, Prozessfestlegungen, Anlagenbeschreibungen),
▶ Prozessergebnisse (z. B. Durchlaufzeiten, Stückzahlen, Ausfallzeiten),
▶ Prozessfähigkeiten und Prozessspezifikationen,
▶ Anlagen, Werkzeuge, Werkzeuge, Maschinen, Hilfsmittel, Hilfsvorrichtungen,
▶ Mess- und Überwachungsmittel (z. B. Prüfanweisungen),
▶ erforderliche Fähigkeiten des Personals,
▶ gesetzliche und behördliche Anforderungen,
▶ mögliche Störungen etc.

Untersuchung:

Die Untersuchung in einem Audit erfolgt über Befragungen anhand der chronologisch ablaufenden Aktivitäten entlang eines Prozesses. Der Prozess kann über Abteilungen hinweg ablaufen. Die Befragung in den einzelnen Abteilungen bezieht sich demnach thematisch ausschließlich auf die Anforderungen und Verfahren dieses Prozesses. Aspekte von Managementelementen, die mit dem Prozess nicht unmittelbar in Wechselwirkung stehen, bleiben zu diesem Zeitpunkt unberücksichtigt.

Flexible Auditgestaltung

Die Auditierung eines Prozesses kann es erforderlich machen andere Abteilungen bzw. Personen als die im Auditplan vorgesehenen mit einzubeziehen. Klären Sie deshalb im Vorfeld die Möglichkeiten einer flexiblen Gestaltung des Audits.

Methode 2: Auffinden von Ereignissen

Diese Methode ist Ereignis bezogen und eignet sich besonders dann, wenn beispielsweise Reklamationen oder bestimmte Vorfälle vorliegen, die noch einer Aufklärung bedürfen. Ausgangspunkt ist ein bestimmter Umstand bzw. Sachverhalt, von dem aus alle Fragen so weit reichend gestellt werden, dass sich am Schluss ein Gesamtbild ergibt. Ziel ist anhand von Einzelfällen einen potenziellen systematischen Fehler im Prozess zu erkennen.

Methode 3: Element-/Kapitelorientierung

Auditoren wenden die element- bzw. kapitelbezogene Methode vor allem bei einem Normenabgleich an. So hat beispielweise der Zertifizierungsauditor den Auftrag, ein Unternehmen gegenüber der QM-Norm zu auditieren (Kapitel gemäß der ISO 9001 etc.). Der Vorteil liegt in einem nachvollziehbaren abgeschlossenen Themenbereich. Bei gut organisierten Unternehmen kann sich diese Abgrenzung als nachteilig herausstellen, weil wichtige Randbereiche außerhalb des Auditumfelds liegen.

Methode 4: Differenzierung nach Abteilungen

Diese Methode konzentriert sich darauf, zahlreiche Themengebiete eines Audits in einer Abteilung zu hinterfragen. Am Ende zieht der Auditor seine Schlussfolgerungen für alle Abteilungen einzeln und zusammenfassend für das gesamte Unternehmen. Durch die zunehmende Prozessorientierung in den Unternehmen spielt diese Vorgehensweise eine immer kleinere Rolle. Sie ist gleichzusetzen mit einem abteilungsbezogenen Systemaudit. Folgendes Beispiel zeigt eine pragmatische Vorgehensweise zur Strukturierung dieser Methode:

 Abteilungsweises Vorgehen

Fragen zum Einstieg
- Small Talk
- Vorstellen Auditteam
- Thema, Sinn, Zweck
- Verweis auf Bericht, Störungen
- Zeitlicher und organisatorischer Ablauf
- Verweis auf Notizen

Abteilungsbezogener Frageteil
- Abläufe beschreiben lassen
- Verantwortung + Kompetenz
- Tiefenbohrung
- Unterlagen einsehen
- Aktuelle Ereignisse
- Normabweichungen
- Ergebnisse des vorherigen Audits

Fragen am Arbeitsplatz
- Tätigkeitsbereich beschreiben lassen
- Arbeitsvorgaben zeigen lassen
- Aufzeichnungen einsehen

- Was tun bei Fehler
- Vorgesetzte
- QM-Schulung

Methode 5: Workshop

Auditoren führen die Audits nicht in der klassischen Form des Frage-Antwort-Spiels durch. Sie gestalten das Audit als gemeinsames Review mit dem auditierten Bereich und erstellen darüber einen Auditbericht mit Maßnahmen. Diese Audits in Workshopform nehmen im Zuge der Auditierung von Prozessen zu. Der Vorteil liegt darin, dass alle am Prozess Beteiligten gleichzeitig anwesend sind. Dies erleichtert dem Auditor einen Prozessstrang über Abteilungen hinweg zu verfolgen. Lange Wege und ständiges Rückfragen werden reduziert. Beispielsweise kann der Auditor bei der Auditierung von Entwicklungsprojekten die Schnittstellen und Aufgabendelegation detaillierter hinterfragen. Zusätzlich wird durch die Beteiligung verschiedener Personen die Kreativität bei der Ableitung von Maßnahmen gesteigert.

Audit als Workshop?
Wenden Sie das Audit in Workshopform bei der Auditierung von Projektstrukturen an (Produktentwicklung, Einführung neuer Prozesse etc.)

Ja, aber ...
Das Audit in Workshopform eignet sich aus meiner Sicht nicht bei Prozessen, für die eine Vorortbetrachtung notwendig ist. Hier muss neben dem Workshop

eine Vorortbegehung stattfinden, um Dokumente, Anlagen, Aufzeichnungen oder Mitarbeiter ins Audit mit einzubeziehen. Voraussetzung für diese Form des Audits ist eine Unternehmenskultur der Offenheit. Auditieren Sie eine Gruppe von Personen, besteht die Gefahr, dass in einer großen Gesprächsrunde Sachverhalte beschönigt oder verschwiegen werden.

4.4 Abschluss

WORUM GEHT ES?

Der Auditor beendet ein Auditgespräch nicht ohne formalen Abschluss. Wir unterscheiden zwischen dem Gesprächsabschluss als unmittelbare Abschlussphase einer Befragung vor Ort (vor allem bei internen Audits) und dem Schlussgespräch als Zusammenfassung aller Befragungen im Rahmen eines umfassenden Audits (vor allem bei externen Audits). In der Folge gehen wir auf die Inhalte des zusammenfassenden Abschlussgespräches ein, da der Gesprächesabschluss nur eine verkürzte Form darstellt.

WAS BRINGT ES?

Der Abschluss des Gesprächs dient als „Fazit" wesentliche Aspekte des Audits zusammenzufassen. Der Auditor nutzt diese Abschlussphase, um dem Gesprächspartnern Gelegenheit zu geben, eventuelle Unklarheiten anzusprechen. In vielen Fällen verwendet der Auditor in dieser Auditphase die Gelegenheit zum zusammenfassenden Überblick der festgestellten Verbesserungspotenziale in der auditierten Organisation. Der Auditor kann so Missverständnisse vermeiden.

WIE GEHE ICH VOR?

Als Teilnehmer sollten Sie die am Audit beteiligten Verantwortlichen der auditierten Bereiche vorsehen. Fassen Sie die Auditfeststellungen in kurzer und verständlicher Form zusammen. Erläutern und belegen Sie eventuelle Nichtkonformitäten mit Nachweisen.

Der Auditor legt – wenn nötig – zunächst eine kurze Pause vor dem Abschlussgespräch ein. Diese Pause kann der Auditor nutzen, um seine Schlussfolgerungen in Ruhe zu ordnen. Das Auditteam bekommt Zeit zur Abstimmung. Dieses Vorgehen erscheint vor allem bei Auditteams zweckmäßig, die erst wenige Audits miteinander durchgeführt haben. Beim Gesprächsabschluss sollte keinesfalls der Eindruck entstehen, dass die Auditoren über die getroffenen Feststellungen unterschiedlicher Meinung sind.

Durch den Auditor getroffene Feststellungen über Verbesserungspotenziale erzeugen hin und wieder bei dem auditierten Bereich ein Gefühl der Frustration. Dieser negative Eindruck entsteht, weil viele Personen Verbesserungspotenziale als ihre eigenen „Verfehlungen" oder „Versäumnisse" verstehen.

> **Frustration …**
>
> Ein Qualitätsmanagementbeauftragter erzählte nach einem Zertifizierungsaudit von der Aussage seiner Mitarbeiter: „Jetzt haben wir so viel in unserer Organisation verbessert und umgesetzt, das wurde nicht einmal angesprochen."

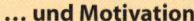 **... und Motivation**

Ein Audit soll im Zuge eines modernen Qualitätsmanagementsystems eine motivierende Wirkung haben. Zeigen Sie nicht nur Verbesserungspotenziale auf, sondern honorieren Sie gute Leistungen oder Vorgehensweisen.

Idealerweise identifiziert der Auditor Stärken und Verbesserungspotenziale gleichermaßen und stellt diese den Beteiligten in komprimierter Form vor. Daraus resultiert eine gemeinsame Vereinbarung über die weitere Vorgehensweise. Diese kann formale Aspekte beinhalten, wie zum Beispiel die Verteilung des Zertifikates, die Fertigstellung des Auditberichts etc.) sowie auch Festlegungen zu Korrekturmaßnahmen.

Sofort Korrekturmaßnahmen festlegen

Legen Sie mit dem auditierten Bereich nach Möglichkeit direkt im Abschlussgespräch Korrekturmaßnahmen fest. Verantwortlich für die Definition der Korrekturmaßnahme ist der auditierte Bereich. Falls dies aufgrund der Komplexität der Rahmenbedingungen nicht möglich ist, legen Sie einen Termin für die endgültige Definition der Korrekturmaßnahme fest.

 Korrekturmaßnahmen zeitnah umsetzen

Die ISO 9001 fordert eine Umsetzung von Korrekturmaßnahmen ohne ungerechtfertigte Verzögerung.

5   Auditberichterstattung

5.1   Grundsätzliches

WORUM GEHT ES?

Der Auditor erstellt einen zusammenfassenden Auditbericht. Dieser Abschlussbericht enthält eine Zusammenfassung der Ergebnisse und der Bewertung des Audits. Formal betrachtet, soll er den folgenden inhaltlichen Anforderungen genügen:

- Definition der Auditzielsetzung, Auditart, Auditkriterien und Referenzdokumente,
- Nennung der auditierten Organisation,
- Dokumentation des Auftraggebers,
- Zeitraum des Audits,
- beteiligte Auditteammitglieder, Ausweisung des Auditteamleiters (Lead-Auditor),
- beteiligte Auditteilnehmer seitens des auditierten Bereichs,
- Darstellung der auditierten Tätigkeiten (abgeleitet aus Auditkriterien),
- getroffene Bewertungen der Auditsachverhalte,
- Schlussfolgerungen und
- Unterschrift des Auditteamleiters und nach Bedarf des Verantwortlichen der auditierten Organisation (bzw. des Auftraggebers).

WAS BRINGT ES?

Mit Berücksichtigung der formalen Anforderungen ist der Auditbericht dem jeweiligen Audit eindeutig zuordenbar. Grundsätzlich existieren für den Auditbericht folgende Zielsetzungen:

▶ Übersicht und Bewertung von Verbesserungspotenzialen (unabhängig von Nichtkonformitäten)
▶ Übersicht und Bewertung von Nichtkonformitäten gegenüber Vorgaben
▶ Protokollierter Abgleich gegenüber Vorgaben (neben der Nachweisführung wird auch die Vorgehensweise bei der Auditierung und die angesprochenen Themen dargestellt)

Nachvollziehbare Nachweise

Insbesondere im Falle eines Zertifizierungs- oder Lieferantenaudits ist die Nachweisführung eine wichtige Zielsetzung des Berichts. Alle Anforderungen müssen nachvollziehbar abgeprüft worden sein. Beispielsweise muss für die Möglichkeit einer Zertifizierung gemäß ISO 9001 der Auditor alle Anforderungen dieser Norm im Rahmen von Stichproben auditieren und die entsprechenden Ergebnisse im Auditbericht nachvollziehbar ausweisen.

WIE GEHE ICH VOR?

Die Auditberichterstellung nimmt im Auditprozess einen hohen Zeitanteil in Anspruch. Aus dieser Erkenntnis und anderen Erfahrungen möchte ich Ihnen einige Tipps zur Auditberichterstattung geben und deren Hintergrund kurz erläutern.

Eigentlich selbstverständlich:

Erstellen Sie den Auditbericht möglichst zeitnah nach der Auditdurchführung.

Unangenehme Aufgaben – und viele empfinden die Auditberichterstellung so – sollte man nicht vor sich her schieben. Umso wichtiger ist die zeitnahe Erstellung des Auditberichts nach dem Audit durch den Auditor. Gewonnene Eindrücke sind in frischer Erinnerung. Erstellt der Auditor den Auditbericht eine Woche später, gehen erfahrungsgemäß viele Informationen verloren, die er aus seinen (möglicherweise dann nicht mehr ausreichenden) Notizen filtern muss. Deshalb sollte er bereits im Vorfeld einen unmittelbar auf das Audit folgenden Zeitraum zur Erstellung des Auditberichts einplanen.

Klartext schreiben
Treffen Sie klare Aussagen im Auditbericht.

Der Auditor hat die Aufgabe, seine Bewertung und Einschätzung im Auditbericht zu präsentieren. Vermeiden Sie Formulierungen, wie zum Beispiel:

Konjunktiv
Zitat aus einem Auditbericht: „Eine oberflächliche Auswertung der Prozesskennzahlen könnte im Fall stagnierender Auftragszahlen zu eventuellem kurzzeitigen Aktionismus im Bedarfsfall führen."
Besser wäre in diesem Fall:
Die verwendeten Kennzahlen zur Steuerung der Prozesse lassen in vielen Fällen keine eindeutige Auswertung und Steuerung der Prozesse zu (Beispiel: keine Messung der durchschnittlichen Durchlaufzeiten der Fertigungsprozesse über verschiedene Produktgruppen, …). Im Falle stagnierender Auftragszahlen ist die Identifikation gegebenenfalls Eliminierung der Kostentreiber der einzelnen Produkte nicht möglich.

Teilweise erwarten die Empfänger (Auftrageber, auditierte Organisation) zusätzliche Informationen bezüglich des Audits. Demzufolge sind weitere Aspekte, die der Auditor im Auditbericht festhalten könnte:

▶ Ort (Büro, Werkstatt etc.) und Dauer der Befragung,
▶ Stärken der Organisation (saubere Arbeitsumgebung, gutes Ablagesystem etc.),
▶ konstruktive, destruktive Mitarbeit (Einstellung zum Qualitätsmanagement-System),
▶ Hinweis auf Stichprobe,
▶ Nachweisführung, mögliche notwendige Angaben:
    – Nummer, Titel der Dokumente,
    – Datum, Freigabe der Dokumente,
    – Datum, Produktbezug der Aufzeichnung (z. B. Lieferscheinnummer) etc.,
▶ positive Formulierungen und Begriffe,
▶ globales Fazit am Anfang oder Ende des Berichts.

> **Verteiler**
> Die Verteilung von Auditberichten ist in vielen Unternehmen ein sensibles Thema. (Schuldigensuche statt Lösungsfindung) Klären Sie deswegen im Vorfeld, wem der Auditbericht zugehen soll.

Der leitende Auditor ist verantwortlich für die Verteilung des Auditberichts. Er verteilt den Auditbericht üblicherweise an den Auftraggeber, den auditierten Bereich und gegebenenfalls an die Zertifizierungsstelle. Bei internen Audits erstattet häufig der Qualitätsmanagementbeauftragte in einer jährlichen Zusammenfassung an den Auftraggeber (die oberste Leitung) Bericht.

5.2 Formen der Auditberichterstattung

WORUM GEHT ES?

Unternehmenskultur, Auditverständnis der Beteiligten sowie die Auditarten bestimmen Form, Inhalt und Aufbau der Berichterstattung. Sie hängen somit von den definierten Zielsetzungen bzw. dem beabsichtigten Zweck des Auditberichts ab.

WAS BRINGT ES?

Mit der Auswahl der geeigneten Berichtsform kann der Auditor Zeit für die Erstellung des Auditberichts einsparen.

WIE GEHE ICH VOR?

Der Auditor kann zur Auditberichterstattung unterschiedliche Dokumente nutzen, solange er die formalen Anforderungen (siehe Kapitel 5.1, Beispiel siehe Bild 16) erfüllt:

▶ Auditprotokoll (ausgefüllte Auditchecklisten, handschriftliche Aufzeichnungen etc.),
▶ Auditbericht als eigenständiges Dokument,
▶ Auflistung von Feststellungen und Verbesserungspotenzialen.
▶ Die Bezeichnung „Auditbericht" beinhaltet dabei die unterschiedlichsten Kombinationen dieser Dokumentationsarten, die sich alle in der Praxis wieder finden.

Auditbericht	
Unternehmen:	Datum:
Auditierter Bereich:	Berichtnummer:
Auditoren:	Teilnehmer:
Auditart:	Referenzdokumente:
... hier stehen die Auditergebnisse in Protokollform ...	
Nachaudit: ja ☐ nein ☐	Auditor: _ _ _ _ _ _ _ _ _ _ _ _ Verantwortlicher: _ _ _ _ _ _ _ _ _ _ _ _
Verteiler:	

Bild 16: *Formale Aspekte eines Auditberichts*

Auditchecklisten

Die einfachste formale Form eines Auditberichts ist die Zusammenfassung der Auditergebnisse in ausgefüllten Auditfragenlisten, die als Auditprotokoll während der Auditbefragung vor Ort dienen.

Die Vorteile dieser Form eines Auditberichts sind:

▶ Vermeidung von Redundanzen; die formale Zusammenfassung der Ergebnisse in einem zusätzlichen Bericht entfällt.

▶ Schnelle Übersicht über die abgehandelten Themeninhalte.

Die Nachteile dieser Form eines Auditberichts sind:

▶ Die durchzuführenden Maßnahmen sind für die auditierte Organisationseinheit schwieriger nachzuvollziehen.
▶ Positives kann dargestellt werden, verliert jedoch an Stellenwert in der Fülle der Information.
▶ Eine zusammenfassende Darstellung ist nur bedingt möglich.

*Auflistung von Feststellungen und
Verbesserungspotenzialen*

Der Auditor listet die Auditfeststellungen und einzuleitenden Maßnahmen zusammenfassend auf (Bild 17).
Die Vorteile dieser Form eines Auditberichts sind:

▶ Er bietet dem Anwender eine gute Übersicht über Verbesserungspotenziale und Maßnahmen.
▶ Er bietet über die Formulargestaltung die Möglichkeit, die Erledigung der Maßnahmen zu verfolgen.

Die Nachteile dieser Form eines Auditberichts sind:

▶ Das Zustandekommen der getroffenen Feststellungen ist nicht immer nachvollziehbar.
▶ Der Umfang und die Systematik des Audits ist nicht nachvollziehbar.

Änderungs- und Verbesserungsmaßnahmen zu Auditbericht Nr.			Datum: 14.12.		Seite 1 von	
			Verantwortl. Durchführung	Termin	Korrektur erledigt	Prüfung der Wirksamkeit
Bew.	Feststellung	Korrekturmaßnahme				
A	Lager in nicht ordnungsgemäßem Zustand	– unkenntliche, alte Kennzeichnung erneuern – die zur Abholung bereitgestellten Proben an dafür gekennzeichneten Plätzen bereitstellen – ätzende Stoffe an den dafür ausgewiesenen Plätzen lagern	Leiter Technikum	1.12.		
A	Systematik der Korrektur- und Vorbeugemaßnahmen konnte nicht dargelegt werden	Verfahren einführen, beschreiben und schulen	Leiter Technikum	1.1.		
K	Liste der Aufzeichnungen nicht vollständig	Liste überprüfen, aktualisieren und erweitern (z. B. ABÜ, Umweltprüfung, ...)	Leiter Technikum	1.1.		
K	Liste der Genehmigungsbescheide für das Technikum nicht darlegbar	Liste aufstellen	Leiter Technikum	1.1.		

Bemerkungen: A = kritische Abweichung gegenüber Normvorgaben; K = Korrekturmaßnahmen gegenüber Vorgaben; V = empfohlene Verbesserungsmaßnahmen.

Bild 17: *Formular Liste durchzuführender Maßnahmen*

Auditbericht in Prosatext

Die umfangreichste Art eines Auditberichts ist die Erstellung eines Berichts in Prosatext.

Die Vorteile dieser Form eines Auditberichts sind:

▶ Übersichtlichkeit und individuelle Berichtsstruktur,
▶ hoher Servicegrad gegenüber den Berichtsempfängern,
▶ mögliche Aussagen zwischen den Zeilen.

Die Nachteile dieser Form eines Auditberichts sind:

▶ hoher zeitlicher Aufwand,
▶ zum Teil redundante Arbeit durch das Zusammenführen von Aufzeichnungen aus Checklisten,
▶ mögliche Aussagen zwischen den Zeilen.

5.3   Bewertung von Auditsachverhalten

WORUM GEHT ES?

Der Auditor gleicht während der Audituntersuchung Vorgaben mit tatsächlichen Sachverhalten ab. Daraus resultieren Verbesserungspotenziale, die entweder Kann-Maßnahmen oder Korrekturmaßnahmen nach sich ziehen. Die meisten Zertifizierungsgesellschaften folgen einem dreistufigen Bewertungsschema.

WAS BRINGT ES?

Mit der Bewertung der Verbesserungspotenziale wird eine Priorisierung vorgenommen. Für ein Zertifizierungsaudit ist somit die Entscheidung Zertifikat ja/nein transparenter. Bei internen Audits kann daraus auf die Dringlichkeit der abzuleitenden Maßnahme geschlossen werden.

WIE GEHE ICH VOR?

Zur Bewertung von Sachverhalten kann folgende Einstufung herangezogen werden:

Kritische Abweichung/Abweichung

▶ Ein komplettes, gefordertes Verfahren einer Anforderung (Normaspekt oder umfangreiche Kundenforderung) ist nicht erfüllt bzw. im Unternehmen nicht installiert.

▶ Die Nichterfüllung bezieht sich auf einen kompletten Unterpunkt eines Kapitels einer Norm. Dies beinhaltet sowohl die fehlende Planung als auch die fehlende wirksame Umsetzung (Durchführung).

Management-Review (nach ISO 9001)
Das Audit erbrachte keinen Nachweis für die Planung hinsichtlich Durchführung (wer, wie, wann, Regelmäßigkeit, Inhalte …) und/oder keinen Nachweis für die Durchführung des Management-Reviews (kein Protokoll, …).

Nebenabweichung/Feststellung

▶ Ein gefordertes Verfahren einer Normforderung ist zum Teil nicht erfüllt bzw. ein gefordertes Verfahren im Unternehmen installiert, aber noch nicht voll umgesetzt.

▶ Einzelforderung der Unterpunkte sind überwiegend nicht erfüllt. Dies beinhaltet, sowohl die fehlende Planung als auch die fehlende wirksame Umsetzung (Durchführung).

> **Management-Review: Eingaben für die Bewertung (nach ISO 9001)**
>
> Das Audit erbrachte keinen Nachweis für die Erfüllung der festgelegten Forderungen für die Inhalte des Reviews und/oder keinen Nachweis für die Betrachtung einiger unter dem entsprechenden Abschnitt der Norm aufgeführten Merkmale. Die Auditoren konnten einige unter diesem Abschnitt aufgeführten Punkte im Review nachvollziehen.

Empfehlung/Hinweis

▶ Ein gefordertes Verfahren einer Normforderung ist vollständig erfüllt bzw. ein gefordertes Verfahren im Unternehmen komplett installiert. Planung, die Durchführung der geplanten Aktivitäten und Wirksamkeit der Aktivitäten ist im Audit nachgewiesen.

▶ Die Empfehlung weist auf ein Potenzial zur Wirksamkeitssteigerung hin.

> **Management-Review: Eingaben für die Bewertung (nach ISO 9001)**
>
> Anpassung des Reviewzyklus oder des Reviewzeitpunkts an die Gegebenheiten der Organisation (Koordination mit Budgetplanung).

6 Audit und Zertifizierung

WORUM GEHT ES?

Das Audit bildet in den meisten Fällen die Basis für die Zertifizierung von Management-Systemen. In der Praxis sind drei Zertifizierungsobjekte (Produkt, System, Personal) vorhanden. Weite Verbreitung findet die Zertifizierung von Produkten und die Zertifizierung von Systemen oder Verfahren. Bei der Produktzertifizierung stellt eine unabhängige Stelle durch Prüfungen am Produkt oder Produktaudits die Erfüllung von Qualitätsanforderungen fest.

Im Folgenden soll die Einbindung des Audits in das gesamte Zertifizierungsverfahren dargestellt werden.

WAS BRINGT ES?

In vielen Branchen benötigen die Lieferanten ein zertifiziertes Qualitätsmanagementsystem, um an ihre Kunden liefern zu dürfen. Das Zertifikat dient als Nachweis für die Fähigkeit eines Unternehmens, definierte Qualitätsanforderungen an ein Managementsystem zu erfüllen. Vergleichen Sie ein Systemszertifikat mit einem Meisterbrief. Sie können als Kunde des Meisters davon ausgehen, dass der Meister bestimmte Techniken, Methoden etc. anwenden kann. Sie können nicht davon ausgehen, dass er diese mit Sicherheit bei Ihrem Produkt oder Auftrag anwendet. Durch den Meisterbrief haben Sie möglicherweise jedoch größeres Vertrauen in die zukünftige Leistung gewonnen.

WIE GEHE ICH VOR?

Das Zertifizierungsverfahren

Das Zertifizierungsverfahren gestaltet sich bei fast allen Zertifizierungsgesellschaften in ähnlicher Weise. Bild 18 zeigt ein typisches Ablaufschema.

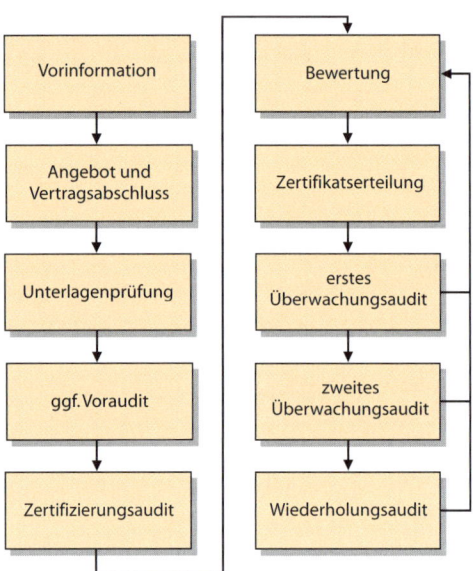

Bild 18: *Zertifizierungsverfahren*

Vorinformation

Nicht jede Zertifizierungsgesellschaft ist für jede Branche bzw. jede Zertifikatserteilung zugelassen. Viele Zertifizierungsgesellschaften prüfen diesen Aspekt über einen vom Kunden auszufüllenden Fragebogen ab.

> **Kennen lernen erwünscht**
>
> Die einzelnen Gesellschaften bieten darüber hinaus Informationsmaterial bzw. Vorgespräche an. Das Unternehmen sollte die Gelegenheit des Vorgesprächs nutzen, um den jeweiligen Lead-Auditor kennen zu lernen.

Angebot und Vertragsabschluss

Über den Vergleich der Angebote verschiedener Zertifizierungsgesellschaften, die teilweise weit in ihrer preislichen Gestaltung variieren können, wird anschließend zwischen der Organisation und der jeweiligen Zertifizierungsstelle ein Vertrag geschlossen. Dieser Vertrag geht in der Regel über die Laufzeit von drei Jahren bis zum Ende der Gültigkeit des Zertifikates.

Unterlagenprüfung

Zu diesem Zeitpunkt setzt die Tätigkeit des Auditors im Rahmen des Zertifizierungsverfahrens ein. Der Auditor stellt aufgrund der Dokumentationsprüfung fest, ob eine Auditierung vor Ort sinnvoll ist.

Voraudit

Das Unternehmen kann ein Voraudit im Vorfeld des Zertifizierungsaudits wahrnehmen. Es dient zur Aufdeckung möglicher Lücken zwischen den Anforderungen des jeweiligen Normenkataloges und der Umsetzung in der Organisation. Ein positiv verlaufendes Voraudit garantiert jedoch nicht ein schon bestandenes Zertifizierungsaudit. Das Voraudit soll keine Beratung sein.

Zertifizierungsaudit

Das Zertifizierungsaudit ist ein Systemaudit. Die Vorgehensweise bei externen Audits wurde ausreichend in den vorangegangenen Kapiteln dargestellt. Zertifizierungsgesellschaften sind angehalten, das erste Zertifizierungsaudit in zwei Stufen zu unterteilen. Die Auditstufe 1 dient dabei dazu, die grundsätzliche Systemfähigkeit festzustellen. Erst nach erfolgreichem Bestehen der Auditstufe 1 startet die Auditstufe 2. In der Auditstufe 2 wird vor allem die praktische Umsetzung der Systemvorgaben auditiert. Beide Auditstufen sollen vor Ort im Unternehmen stattfinden.

Umfang und Dauer des Zertifizierungsaudits werden in erster Linie von den jeweiligen Zertifizierungsgesellschaften bestimmt. Diese müssen sich allerdings an Richtlinien der Trägergemeinschaft für Akkreditierung orientieren.

Bewertung und Zertifikatserteilung

Viele Mitarbeiter von Unternehmen und Organisationen sind der Überzeugung, dass die Auditoren die Zertifizierung vornehmen. Dies ist ein Irrtum. Die Auditoren führen lediglich das Audit vor Ort durch. Sie erstellen daraufhin einen Bericht und geben eine Empfehlung zur Zertifikatserteilung ab. Die Entscheidung, ob ein Zertifikat erteilt wird, fällt der Zertifizierungsausschuss der jeweiligen Zertifizierungsstelle.

Überwachungsaudit

In jährlichen Überwachungsaudits stellen die Auditoren fest, ob die Organisation das Qualitätsmanagementsystem aufrecht erhält und weiterentwickelt.

Wiederholungsaudit

Das Wiederholungsaudit ist kein Überwachungsaudit. Vor Ablauf der Gültigkeit des Zertifikates kann die Organisation eine so genannte Rezertifizierung beantragen. D.h. mit dem Wiederholungsaudit startet ein neuer Dreijahreszyklus.

Nachaudit

Bei vielen Zertifizierungsgesellschaften wird der Begriff „Nachaudit" verwendet. Auditoren setzen in der Regel dieses Audit an, wenn sie bei einem Zertifizierungs- oder Überwachungsaudit Normabweichungen feststellen, die die Wirksamkeit des Qualitätsmanagementsystems in Frage stellen.

7 Wertvolle Tipps zur Auditdurchführung

Das Erkennen der Bedeutung der Kommunikation für das Auditgespräch ist ein wesentlicher Schritt zur Durchführung eines erfolgreichen Audits. Das Erkennen der Bedeutung alleine bringt noch keine automatische Verbesserung der Kommunikation mit sich. Im Auditinterview entstehen möglicherweise immer noch Missverständnisse. Wie kann ich als Auditor aktiv Missverständnisse vermeiden? Dazu sollen im Folgenden einige Erfahrungen und praktische Hinweise gegeben werden.

7.1 Fragetechnik

WORUM GEHT ES?

Ziel des Auditors ist es, möglichst viele Informationen über den auditierten Bereich, den Prozess oder über die Verfahren des auditierten Bereiches zu erlangen, um Verbesserungspotenziale aufzudecken. Daraus leitet sich für die Fragetechnik die Zielstellung ab, den Auditierten „sprechen" zu lassen und durch Fragen das Gespräch in die gewünschte Richtung zu lenken.

WAS BRINGT ES?

Ein offenes Gesprächsklima ist die Voraussetzung für ein erfolgreiches Audit. Der Gegenüber darf sich durch eine falsche Fragetechnik nicht bedrängt fühlen und damit zurückhaltend reagieren. Eine der Situation angemessene Fragetechnik ist dabei von Vorteil.

WIE GEHE ICH VOR?

„Wer fragt, der führt."

Diese Aussage verdeutlicht die Bedeutung der Fragetechnik für Gespräche im Allgemeinen, insbesondere aber für das Auditgespräch. Betrachten wir deswegen einige Frageformen bezüglich der Vor- und Nachteile für das Auditgespräch.

 Offene Fragen

Wie handhaben Sie die Auswahl von neuen Lieferanten?

Welche Vorgehensweise wird bei fehlerhaften Produkten angewandt?

Wie verhindern Sie das Auftreten von Wiederholungsfehlern? etc.

Offene Fragen eignen sich, um möglichst umfangreiche Informationen zu erhalten. Sie bringen den Gesprächspartner dazu, Sachverhalte zu erläutern und zu erklären. Sie fördern eine offene, freundliche Gesprächsatmosphäre.

Offene Fragen sollten sich immer auf Sachverhalte oder Vorgänge beziehen, nicht auf Personen.

 Ausweichmanöver

Offene Fragen lassen ausschweifende bzw. ausweichende Antworten des Gesprächspartners zu. Offene Fragen kosten Zeit.

Zwar sind offene Fragen bei Audits zu bevorzugen, da der Auditor damit umfangreiche Informationen erhält. Doch kann bei ausschweifenden Gesprächspartnern ein Mix mit geschlossenen Fragen zielführender sein. Was sind nun geschlossene Fragen?

Geschlossene Fragen

Wer ist für die Datensicherung zuständig?

Haben Sie eine Prozessbeschreibung für den Instandhaltungsprozess?

Gibt es einen Verantwortlichen für das Gefahrstofflager?

Sie erhalten konkrete und eindeutige Antworten. Grundsätzlich könnten die Fragearten mit Ja, Nein oder Herr, Frau Sowieso etc. beantwortet werden.

Verhör statt Gespräch?

Sie engen den Gesprächspartner in den Antwortmöglichkeiten ein. Eventueller Erklärungs- bzw. Erläuterungsbedarf geht verloren. Eine Aneinanderreihung von geschlossenen Fragen kann vom beteiligten Gesprächspartner als eine Art Verhör empfunden werden.

Mit geschlossenen Fragen können Sie ein Gespräch in eine bestimmte Richtung lenken und als ein Mittel zur Gesprächsführung einsetzen.

Alternativfragen

Beurteilen Sie die Lieferanten anhand der Qualität oder des Preises?

Führen Sie statistische Prozesskontrollen oder überwachen sie die Prozesse überhaupt nicht?

Ist der Grund, warum Mitarbeiter Fehler nicht erfassen, mangelnde Qualifikation oder mangelndes Qualitätsbewusstsein?

Sie lassen dem Gesprächspartner nur eine bestimmte Auswahl von Antwortmöglichkeiten. Eine objektive und sachliche Auditdurchführung ist gefährdet.

... für Audits nicht geeignet

Es besteht die Gefahr, dass Sie das Gegenüber manipulieren. In der Auditpraxis ist diese Art der Fragestellung zu vermeiden.

Suggestivfragen

Sie haben doch eine Lieferantenbewertung durchgeführt, auch in schriftlicher Form?
Sie fördern sicherlich das Qualitätsbewusstsein durch persönliche Gespräche?
Meinen Sie nicht auch, dass die ISO 9001 die Prozessmessung fördert?

Ebenso wie bei den Alternativfragen verhindern Suggestivfragen eine objektive Auditdurchführung. Der Gesprächspartner wird manipuliert und die Antwort in eine bestimmte Richtung gelenkt.

Begründungsfragen

Warum haben Sie sich für diese Art der Lieferantenbewertung entschieden?
Wieso haben Sie ausgerechnet diese Art der Lieferantenbewertung gewählt?

Bei diesen Fragen ist es wichtig, die Art und Weise zu betrachten, wie der Auditor die Fragen stellt. Das erste Beispiel kann, vorausgesetzt die Frage wird in einer freundlichen bzw.

sachlichen Art und Weise vorgetragen, zur Verbesserung des Verständnisses des Sachverhalts beitragen.

Schuldzuweisung

Es besteht die Gefahr, bei diesen Fragen schnell in eine Art Vorwurf oder Schuldzuweisung abzugleiten.

Dies verdeutlicht das zweite Beispiel.

Kettenfragen

Wie bewerten Sie Lieferanten, nach welchen Kriterien, und wer ist dafür zuständig?
Wie viele Fehler erfassen Sie im Jahr, wie viele werden davon behoben und für welche Fehlerschwerpunkte werden Korrekturmaßnahmen ergriffen?

Der Gesprächspartner wird mit Fragen überflutet. Es besteht die Gefahr, dass er nicht alle Fragen aufnimmt und beispielsweise nur die letzte oder die erste beantwortet.

Informationen gehen verloren

Die Praxis zeigt, dass durch diese Art der Fragestellung viele Informationen durch mangelnde Übersichtlichkeit der Fragestellung wie auch der Antworten von den Gesprächspartnern nicht verarbeitet werden können.

7.2   Aktives Zuhören

WORUM GEHT ES?

Audit leitet sich vom lateinischen audire (= hören, zuhören) ab. Wesentlicher Bestandteil des Audits ist das aktive Zuhören, um möglichst viele Informationen vom Auditierten entgegen nehmen zu können und um Aufmerksamkeit zu signalisieren. Aktives Zuhören zeigt sich an Gesten, Mimik sowie bestätigenden Aussagen des Gegenübers.

WAS BRINGT ES?

Der Redeanteil des Auditors sollte im Auditgespräch immer wesentlich weniger als der des Auditierten sein. Dies erreicht der Auditor durch ein gutes Gesprächsklima, das durch aktives Zuhören gefördert wird. Die Folge ist ein Mehr an Information durch den Auditierten.

WIE GEHE ICH VOR?

Bemühen Sie sich deswegen aktiv, Ihrem Gesprächspartner zuzuhören. Konzentrieren Sie sich auf das Gehörte und zeigen Sie dem Gesprächspartner Ihre Aufmerksamkeit. Folgende praktische Tipps können Sie beachten:

> **Tipps zum aktiven Zuhören**
> Zeigen Sie, dass Sie zuhören: Blickkontakt, Kopfnicken, offene Körperhaltung, bestätigende Gesten oder Redewendungen („ja", „interessant", „aha" etc.).
> Versuchen Sie sich in den Gesprächspartner hineinzuversetzen, um seine Gedankengänge und Probleme zu verstehen. Nur so können Sie Hilfestellung geben und Verbesserungspotenziale identifizieren.

Sprechen Sie nicht: Sie können nicht zuhören, wenn Sie sprechen.

Nutzen Sie Gesprächspausen bewusst. Oftmals fordert eine Gesprächspause nochmals dazu auf, eine Antwort zu komplettieren.

Rückformulieren Sie das Gehörte mit einleitenden Redewendungen wie „Wenn ich Sie richtig verstanden habe, meinen Sie …" oder „Lassen Sie mich das zusammenfassen …". Sie zeigen damit Interesse. Zusätzlich können Sie diese Technik dazu nutzen, Inhalte in Form von Auditnotizen zusammenzufassen, ohne das Auditgespräch zu unterbrechen.

7.3   Einwandbehandlung

WORUM GEHT ES?

In der Praxis bringt sich der Gesprächspartner in Auditgesprächen durch Einwände verschiedenster Art ein.

„Das können wir nicht …

… da wir das schon immer so gemacht haben."
„Das ist doch nur eine unsinnige Erfindung des Qualitätsmanagements."
„Letztendlich zählt doch nur der kurzfristige Erfolg." etc.

WAS BRINGT ES?

Einwände sollten als Chance gesehen werden. Die passive Erduldung eines Audits bringt zwar wenig Konfliktpotenzial im Gespräch mit sich, doch haben Sie als Auditor wenig Möglichkeiten, Überzeugungsarbeit zu leisten und somit einen Konsens mit den Auditierten zu erzielen. Eine geeignete Einwandbehandlung ermöglicht dem Auditor den Gegenüber zu überzeugen bzw. berechtigte Einwände als Verbesserungspotenzial zu identifizieren.

WIE GEHE ICH VOR?

Fragen Sie sich, ob Sie

▶ Einwände zulassen,
▶ sachlich auf Einwände reagieren,
▶ genau den Hintergrund eines Einwandes hinterfragen oder
▶ Einwände mit Killerphrasen (z.B. „das fordert die Norm") abblocken?

Sachliche Einwände sind im Allgemeinen positiv zu sehen, weil sie Interesse an dem jeweiligen Thema bekunden. Letztendlich kann jeder Einwand auch als Frage nach zusätzlichen Erklärungen zum besseren Verständnis betrachtet werden. Dies zu erkennen und die entsprechende Hilfestellung zu geben, ist Aufgabe des Auditors.

Unsachliche Einwände wie „Sie sind ja noch grün hinter den Ohren. Ich bin schon 30 Jahre im Betrieb. Ich weiß, wie der Hase läuft" sollte der Auditor trotzdem immer sachlich behandeln. Lassen Sie sich nicht provozieren. Es geht nicht um die Demonstration von Stärke und Überlegenheit, sondern um den Austausch von Argumenten auf der Sachebene.

Viele dieser Einwände können den Gesprächsverlauf oder den „roten Leitfaden" des Auditors stören. Natürlich liegt der Anteil einer erfolgreichen Überzeugungsarbeit in erster Linie bei der Sachkompetenz und Schlagfertigkeit des Auditors, doch sollte man sich immer wieder vor Augen führen, welche konkreten Möglichkeiten der Auditor hat, um auf einen Einwand zu reagieren.

Folgende Möglichkeiten stehen Ihnen bei der Einwandbehandlung offen:

Einwand akzeptieren

Sie nehmen den Einwand nur zur Kenntnis, stimmen dem Einwand zu oder lenken ihn in eine andere Richtung. Auditierter: „Qualitätsmanagement verursacht doch nur Kosten." Auditor: „Ja, da stimme ich Ihnen zu, aber auf lange Sicht ..."

Fragen (klären)

Sie versuchen, die genauen Hintergründe des Einwands zu klären. Auditierter: „Qualitätsmanagement verursacht doch nur Kosten." Auditor: „Welche Kosten sprechen Sie dabei genau an? ...

Rückformulieren

Sie wenden die Technik des Rückformulierens an, um für eine eventuelle Antwort Bedenkzeit zu gewinnen. Auditierter: „Qualitätsmanagement verursacht doch nur Kosten." Auditor: Habe ich Sie richtig verstanden, dass Ihrer Meinung nach hohe Kosten durch das Qualitätsmanagement verursacht werden?

Zurückstellen

Sie verlagern die Diskussion auf einen späteren Zeitpunkt, um den roten Leitfaden beizubehalten. Achten Sie jedoch darauf, den Einwand in jedem Fall zu behandeln. Auditierter: „Qualitätsmanagement verursacht doch nur Kosten." Auditor: „Ein interessanter Gesichtspunkt, doch möchte ich diesen Aspekt mit Ihnen ausführlich beim noch folgenden Thema „Qualitätskosten" diskutieren.

Beantworten

Sie tauschen Argumente direkt im Auditgespräch aus, sofern sich die Zeit bzw. die Situation dazu eignet. Auditierter: „Qualitätsmanagement verursacht doch nur Kosten." Auditor: „Nein, da bin ich nicht Ihrer Meinung, weil …"

An Kollegen weitergeben

Sie gewinnen Zeit und können noch andere Meinungen bzw. neue Gesichtspunkte mit in die Diskussion aufnehmen und ggf. darauf aufbauen. Auditierter: „Qualitätsmanagement verursacht doch nur Kosten." Auditor: „Was sagen Sie denn dazu, Herr …?"

Über diese verschiedenen Möglichkeiten der Einwandbehandlung hinaus sollte der Auditor bei Einwänden immer die Hintergründe des Einwands zu klären versuchen. Mit jedem Einwand sagt der Gesprächspartner auch etwas über sich selbst aus (Ängste, Befürchtungen, Zweifel etc.).

7.4   Informationen verständlich vermitteln

WORUM GEHT ES?

Die Informationen, die ein Auditor vom Auditierten erhalten möchte, hängen stark von seiner Art der Fragestellung bzw. seiner Art der Informationsübermittlung ab (Bild 19). Der Auditor hat somit die Aufgaben Fragen verständlich zu formulieren und gegebenenfalls dem Gegenüber zu erläutern.

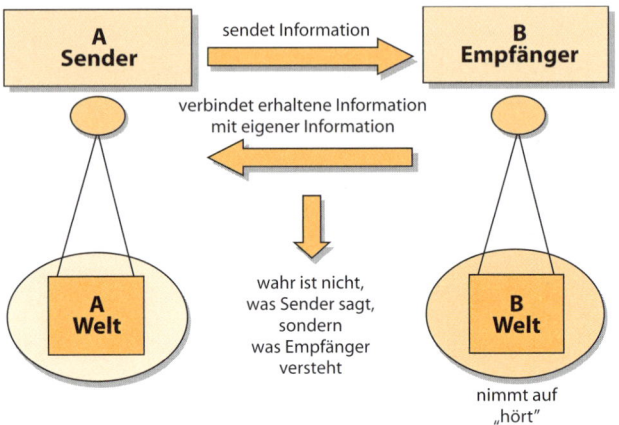

Bild 19: *Wahrnehmungswelten*

WAS BRINGT ES?

Verständlich formulierte Fragen erleichtern dem Gesprächspartner präzise Antworten. Missverständnisse werden vermieden.

WIE GEHE ICH VOR?

Das folgende Beispiel schildert den Auszug aus einem Auditgespräch zwischen einem Auditor und einem Mitarbeiter der Versandabteilung:

Auditgespräch

Auditor: Guten Tag, Herr Schmidt. Wie wurde in der auditierten Einheit der KVP-Prozess gemäß Audit-checklistenfrage 14.7 installiert und welche Faktoren sind als Kenngrößen zur Performancemessung institutionalisiert?
Mitarbeiter: Keine Ahnung.
Auditor: Finden in Ihrer Organisation statistische Methoden, wie SPC oder Pareto-Analyse Anwendung und werden Mitarbeiterbefragungen bzw. Fehlerursachen ausgewertet?
Mitarbeiter: Ich glaube nicht.
Auszug aus dem daraus folgenden Auditbericht:
… Die Abteilung Versand hat weder ein statistisches Aus-werteverfahren noch einen KVP-Prozess und kann daher kein zertifizierbares QM-System nachweisen. …

Haben Sie den Eindruck gewonnen, dass der Mitarbeiter den Auditor verstanden und infolgedessen die Antwort „keine Ahnung" gegeben hat?

Folgende „Verständlichmacher" sollten deshalb Beachtung finden.

 Klarheit gewährleisten

- Verwendung einfacher Sätze
- Vermeiden Sie komplizierte Sätze, Kettenfragen oder zu ausschweifende Erläuterungen
- Erklärung von Fremdwörtern oder Abkürzungen, die dem Auditierten möglicherweise nicht bekannt sind.

Vermeiden Sie zum Beispiel Sätze wie: „Ein Qualitäts-managementsystem, aufbauend auf der ISO 9001, unter Ein-beziehung verschiedener weiterführender TQM-Aspekte, ist ein Instrument, das sowohl Planungsaspekte wie das Festlegen von Qualitätszielen und Qualitätsstrategien beinhaltet als auch die Implementierung sowie das Überprüfen mit Kennzahlen und Messgrößen fördert und darüber hinaus Verbesserungspotenziale für die Organisation eröffnet. Inwieweit wird dies in Ihrer Organisation berücksichtigt?"

Besser ist die Aufteilung in kurze Fragen:

Sind bei Ihnen Qualitätsziele definiert? Wenn ja, welche? Beruhen diese auf übergeordneten Strategien? Sind die Ziele mit messbaren Kennzahlen hinterlegt? usw.

Gerade im Qualitätsmanagement werden viele Abkürzungen für neue Methoden und Werkzeuge verwendet (TQM, KVP, Six Sigma, SPC, CPK, TPM, JIT, BSC, EFQM, PDCA, FMEA etc.). Erläutern Sie dem Gesprächspartner Begriffe, die Ihnen möglicherweise schon lange geläufig sind oder selbstverständlich erscheinen.

Vermeiden Sie zeitliche und inhaltliche Abschweifungen. Achten Sie auf das Zeitmanagement beim Auditgespräch und konzentrieren Sie sich auf das Wesentliche.

 Informationen anschaulich gestalten

- Geben Sie Beispiele.
- Setzen Sie Vergleiche ein.
- Erläutern Sie Ihre Aussagen oder Fragen mit Beispielen aus anderen Bereichen oder Abteilungen.

In vielen Fällen lässt sich die Bedeutung einer Aussage verständlicher gestalten. Beispielsweise:

Unternehmenskennzahlen

Auditor zur Bedeutung von Kennzahlen für ein Unternehmen: „Selbst wenn die festgelegten Unternehmenskennzahlen keine 100%ige Aussage über die zukünftige Entwicklung des Unternehmens zulassen, ist es doch besser, mit Kennzahlen ein Unternehmen zu steuern als ohne. Vergleichen Sie das mal mit einem Scheinwerfer. Ich fahre lieber mit einem Scheinwerfer in der Nacht Auto, statt ganz auf die Möglichkeit zu verzichten, Gefahren zu erkennen.

Ziehen Sie konkrete Vorgänge heran und visualisieren dadurch den Sachverhalt. Bilder sagen mehr als tausend Worte. Diese Aussage gilt auch für das Auditinterview. Ziehen Sie deshalb immer die Möglichkeit in Betracht, konkrete Vorgänge in Form von Projektdokumentationen, EDV-Masken, Aufzeichnungen etc. als Grundlage für Fragen oder Ablauferläuterungen heranzuziehen.

Übersichtlichkeit schaffen

Überblick über die zu vermittelnde Information geben.
Der Auditor sollte das Auditgespräch strukturieren und den Gesprächspartner über diese Struktur informieren.

Damit sind alle Gesprächspartner in der Lage, die jeweilige gedankliche Verknüpfung einer Aussage zum angesprochenen Thema herzustellen. Gerade in der Einführungsphase der Auditdurchführung ist dies ein wichtiger Bestandteil. Behalten Sie den „Roten" Gesprächsleitfaden bei. Kommen Sie immer wieder auf Ihren „roten" Gesprächsleitfaden zurück. Sie können bei Abschweifungen Themen zurückstellen, die

Abschweifung ansprechen („Meiner Meinung nach schweifen wir zu sehr vom Thema ab. Lassen Sie uns doch zum Punkt … zurückkehren").

Darüber hinaus ist es ein bewährtes Mittel Gesprächsergebnisse zusammenfassen. Das Zusammenfassen von Inhalten schafft Klarheit im Auditgespräch. Mit einer Zäsur während des Auditinterviews kann ein Thema abgeschlossen und der Beginn eines neuen Gesprächsinhalts deutlich angezeigt werden.

7.5   Die Beziehungsebene im Audit

WORUM GEHT ES?

Neben den rhetorischen Grundsätzen zur besseren Verständigung muss die Beziehungsebene in die Betrachtung einer Aussage mit einbezogen werden. Die Praxis zeigt, dass die rein sachliche Kommunikation ein Ideal darstellt und in Gesprächen oft nicht erreicht wird. Neben der rationalen Seite der Kommunikation, der Sachebene, betrifft jede Kommunikation auch die emotionale Seite, die Beziehungsebene.

WAS BRINGT ES?

Wenn Sie sich der Beziehungsebene in einem Auditgespräch bewusst sind, können sie Aussagen des Gegenübers objektiver bewerten und analysieren.

WIE GEHE ICH VOR?

Die Aussage eines Auditierten: „Sie haben auf dem Auditbericht den Verteiler vergessen" kann ein gut gemeinter Hinweis oder eine Kritik an Ihrer Vorgehensweise darstellen.

Dieses Zusammenspiel zwischen Sach- und Beziehungsebene können Sie sich durch das Vier-Komponenten-Modell des Psychologen Friedemann Schulz von Thun verdeutlichen (Bild 20).

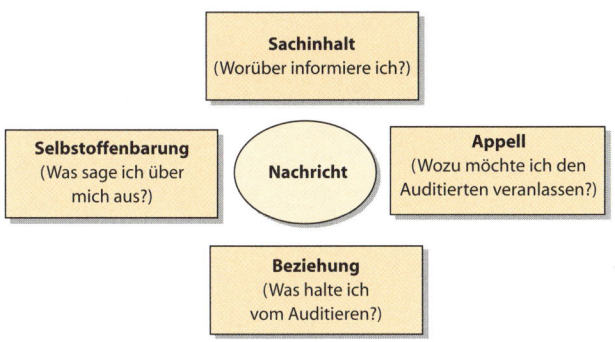

Bild 20: *Die vier Seiten einer Nachricht*

Das Modell geht davon aus, dass jede Nachricht vier Seiten beinhaltet:

▶ einen Sachinhalt (Thema, sachliche Information),
▶ einen Selbstoffenbarungsinhalt (Aussage über den Sender),
▶ einen Appell an den Empfänger (Wunsch an das Verhalten des Empfängers) und
▶ einen Beziehungsinhalt (Aussage über die Beziehung Sender/Empfänger).

Die möglichen Seiten einer Nachricht sollen an einigen typischen Aussagen im Audit verdeutlicht werden:

 Vier Seiten einer Nachricht

Aussage:
„Sie sind ja vom Vertrieb. Sie können das nicht wissen."
Sachinhalt:
Sie sind vom Vertrieb und haben nicht die entsprechende Information.
Selbstoffenbarung:
Ich bin Insider.
Appell:
Machen Sie sich schlau.
Beziehung:
Sie sind ein Außenstehender.

Aussage:
„Wir sind hier, um Ihre Abteilung zu durchleuchten."
Sachinhalt:
Wir untersuchen die Organisation der Abteilung.
Selbstoffenbarung:
Wir sind gründlich.
Appell:
Verbergen Sie nichts.
Beziehung:
Wir sind die Prüfer und stehen über Ihnen.

Aussage:
„Gegenfragen sind erlaubt."
Sachinhalt:
Sie können Fragen stellen.
Selbstoffenbarung:
Ich kann auf alle Fragen antworten.
Appell:
Fragen Sie bei Unklarheiten.
Beziehung:
Sie sind ein willkommener Sparringpartner.

> Aussage:
> *„Das war ja besser, als ich dachte."*
> Sachinhalt:
> *Eine gute Darstellung.*
> Selbstoffenbarung:
> *Ich habe Sie unterschätzt.*
> Appell:
> *Weiter so.*
> Beziehung:
> *Sie kommen an mich noch nicht heran.*

Diese Beispiele zeigen, dass es für den Auditor wichtig ist, sich der verschiedenen Seiten einer Nachricht bewusst zu sein. Nur dann ist er in der Lage, Aussagen des Gegenübers richtig zu deuten oder seine eigenen Aussagen zu präzisieren. Natürlich lässt jede Aussage einen großen Interpretationsspielraum zu. Was kann ich also als Auditor dafür tun, um Fehlinterpretationen meinerseits zu vermeiden?

👍 Rückformulieren

Verwenden Sie die Methode des Rückformulierens, um durch die Beziehungsebene verursachte Missverständnisse zu vermeiden.

Eine in der Praxis bewährte Vorgehensweise stellt das Rückformulieren des Gehörten dar.

Dazu ein Beispiel:

➡ Mitarbeitereinbindung I

Auditierter: In unserer Organisation ist es wichtig, dass alle Mitarbeiter sich in den Verbesserungsprozess des Unternehmens mit einbringen. Wir fördern das

durch verschiedene Initiativen, wie z.B. Mitarbeiterwork-shops, „Visionswochenenden", einem Verbesserungsvor-schlagswesen etc. All diese Initiativen haben zu einer stärke-ren Einbeziehung und Identifikation der Mitarbeiter mit dem Unternehmen geführt, sodass die Mitarbeiterfluktuation in den letzten Jahren erheblich gesunken ist.
Auditor: Sie sagen also, dass es Ihrem Unternehmen gelun-gen ist, durch verschiedene Maßnahmen zur Mitarbeiterein-bindung die Mitarbeiterfluktuation zu senken.

Mit der Technik des Rückformulierens vergewissert sich der Auditor, ob er die wesentlichen Aspekte des Gehörten ver-standen hat. Dabei sollte sich der Auditor auf einige Schwer-punkte beschränken und nicht mit demselben Wortlaut das vom Auditierten Gesagte wiederholen. Neben der Vermei-dung von Missverständnissen wird der Auditor zudem in die Lage versetzt, das Gespräch zu lenken. Gerade bei weitschwei-fenden Ausführungen des Gesprächspartners bringt er die we-sentlichen Inhalte auf den Punkt, um im Anschluss einen neuen Themenabschnitt anzugehen.

Mitarbeitereinbindung II

Alternative Aussage zu obigem Beispiel:
Auditor: Sie haben die Mitarbeiterfluktuation durch Einbeziehung der Mitarbeiter gesenkt. Leiten sich daraus Rückschlüsse auf die Mitarbeiterzufriedenheit ab?

Non-verbales Verhalten analysieren

Achten Sie bei sich und beim gegenüber auf Gestik, Mimik, Körperhaltung etc., um Rückschlüsse auf die Beziehungsebene zu ziehen.

Mimik, Gestik, Körperhaltung oder Blickkontakt können anzeigen, ob jemand am Auditgespräch aktiv teilnimmt oder kein Interesse bekundet. Die Beziehungsebene zwischen den Gesprächsteilnehmern drückt sich vor allem im non-verbalen Verhalten aus. Aussagen des Auditierten wie „das ist ja ganz interessant" können bei verschiedener Gestik und Körperhaltung ganz unterschiedliche Bedeutung bekommen.

Neben der Technik des Rückformulierens sollte der Auditor auf das so genannte non-verbale Verhalten des Auditierten achten und selbst seine Aufmerksamkeit auf diesen Aspekt legen. Welche Seite einer Nachricht gerade den Schwerpunkt einer Aussage bildet, lässt sich in vielen Fällen von der non-verbalen Kommunikation des Gegenübers ableiten.

Aber nicht nur die angeführten Gesichtspunkte sind Teil der non-verbalen Kommunikation. Zusätzlich sind viele weitere Einflüsse maßgebend.

 Non-verbale Kommunikation auch durch

- Gang,
- Distanzverhalten,
- Körperkontakt,
- Sprechweise (Lautstärke, Tempo, Tonfall, Sprechpausen),
- die äußere Erscheinung.

Ohne die Aussagen bzw. sachlichen Informationen wahrzunehmen, machen wir uns bereits ein Bild von unserem Gesprächspartner. Am deutlichsten wird dies am Phänomen des „ersten Eindrucks". Der „erste Eindruck" kann für das Auditgespräch von entscheidender Bedeutung sein.

Einige Grundkenntnisse über den „ersten Eindruck" möchte ich anhand von Beispielen verdeutlichen.

▶ Der „erste Eindruck" wird vor allem durch die äußere Erscheinung geprägt. Dies kommt daher, dass der Mensch den größten Teil seiner Umgebung über das Auge wahrnimmt. Dieses Phänomen wird in dem Ausspruch „Bilder sagen mehr als tausend Worte" deutlich. Für das Audit bedeutet dies, dass der Gesprächspartner vor allem auf das Äußere, das Verhalten, das Auftreten sowie Gestik und Mimik reagiert.

▶ Unbewusst beurteilt der Gesprächspartner das Gegenüber nach dem auffälligsten Charakterzug oder Merkmal. Dies kann dazu führen, dass von einem bestimmten Verhalten (ausgeprägte Gestik) auf den Charakter geschlossen wird (Hektiker) und eine Verallgemeinerung auf andere Charaktereigenschaften stattfindet (mögliche weitere Charaktereigenschaften: sprunghaft, unzuverlässig, emotional etc.).

▶ Durch den „ersten Eindruck" entstehen häufig Vorurteile. Die ersten Minuten sind für die Meinungsbildung beim Gesprächspartner entscheidend. Ungewohnte Eindrücke werden als Erstes wahrgenommen und in vielen Fällen negativ beurteilt, weil sie nicht dem Gewohnten, der Norm, entsprechen. Am Beispiel der Kleidung kann dies verdeutlicht werden: Durch extreme Kleidung kann eher ein Gefühl von Ablehnung entstehen als durch „normale" Kleidung. Dabei muss jedoch immer die jeweilige Situation betrachtet werden. Besuchen Sie in einem T-Shirt eine Sitzung des Aufsichtsrats, wirken Sie ebenso deplatziert wie im Werkstattbereich mit Fliege und Nadelstreifenanzug.

▶ Der „erste Eindruck" bleibt in der Erinnerung des Gesprächspartners haften. Er versucht immer wieder diesen ersten Eindruck zu bestätigen. Ein Beispiel: Sie haben den Eindruck gewonnen, dass Ihr Gesprächspartner ein Theoretiker ist. In der Folge versuchen Sie Ihren Eindruck zu bestätigen und suchen in seinen Ausführungen nach Fremdworten, hinterfragen sehr kritisch neue Ideen auf ihre praktische Umsetzung oder suchen schon nach Gegenargumenten.

8 Praktische Hilfen

8.1 Wichtige Aspekte der Auditprozessdefinition

WORUM GEHT ES?

Viele Organisation berücksichtigen in ihren bisherigen Verfahrensanweisungen für das Audit nur die Abfolge von Tätigkeiten wie sie durch Normanforderungen (beispielsweise ISO 9001) vorgegeben sind (siehe Bild 21). Über diese „klassischen Regelungen" hinaus, sollte die Organisation weitere Festlegungen zu anderen Themen treffen (Auditorenauswahl und deren Leistungsbeurteilung, Erfahrungsaustausch, Prozessziele, Leistungsbewertung des Auditwesens etc.).

WAS BRINGT ES?

Vor allem das Verhalten der Auditoren sowie deren Fähigkeiten und die betrieblichen Vorgaben beeinflussen das Ergebnis des Auditprozesses. Deswegen optimieren vor allem Festlegungen zur Qualifikation von Auditoren sowie systematisches Management den Auditprozess.

WIE GEHE ICH VOR?

Auditmanagement

Die „Audit-Norm" ISO 19011 empfiehlt, für das Auditprogramm eine oder mehrere Personen als Verantwortliche zu benennen. Voraussetzung für die Ausübung dieser Stelle(n), meistens als Auditmanagement bezeichnet, bilden Praxiserfahrung im Auditwesen, Managementfähigkeit und technisches und geschäftliches Verständnis hinsichtlich der zu auditierenden Tätigkeiten.

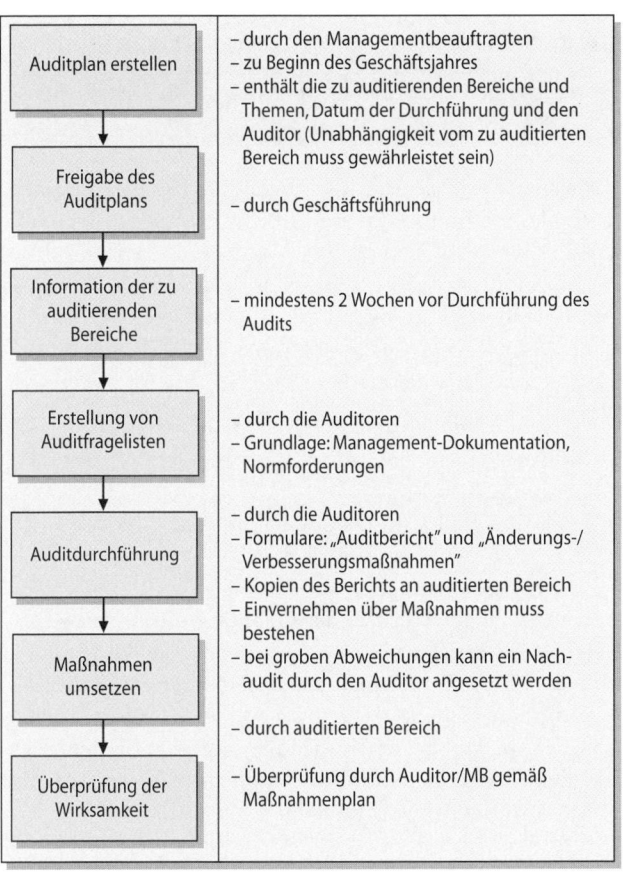

Bild 21: *Auszug aus einer Verfahrensanweisung „interne Audits"*

> **Verantwortlichen festlegen**
>
> Legen Sie einen Verantwortlichen für den gesamten Auditprozess im Unternehmen fest. Dieser sollte die Audits des Qualitätsmanagements mit anderen Instrumentarien, wie z.B. Umweltmanagementaudits, Arbeitssicherheitsbegehungen oder internen Revisionen koordinieren.

Meistens koordiniert der Qualitätsmanagementbeauftragte die internen Audits und ist somit zugleich der Auditmanager.

Das Auditmanagement in einer zertifizierten Organisation sollte in Verbindung mit dem Gedanken der kontinuierlichen Verbesserung installiert werden. Hier eine Auswahl möglicher Vorgehensweisen:

▶ Auswahl und Aufstellen von Qualitätsmerkmalen und -indikatoren für den Auditprozess und deren Auswertung,
▶ Schulungsworkshops,
▶ Vergleiche der Leistung der Qualitätsauditoren,
▶ Überprüfung von Auditberichten,
▶ Leistungsbewertungen,
▶ turnusmäßiger Wechsel der Qualitätsauditoren zwischen den Auditteams,
▶ regelmäßiger Erfahrungsaustausch der Auditoren.
▶ Auditmanagement als zentrale Anlaufstelle bei Pattsituationen im Audit (gemeint sind Situationen, in denen Uneinigkeit zwischen Auditoren und auditierter Organisation über die Auditschlussfolgerungen besteht).

Verbesserungspotenziale kommunizieren
Verbesserungspotenziale aus den jeweiligen Abteilungsaudits anderer Abteilungen anonymisiert zugänglich machen.

Ergebnisse aus Audits bei den einzelnen Abteilungen sollten für andere Abteilungen genutzt werden. Vorraussetzung für die Funktionstüchtigkeit dieses Vorgehens ist eine offene Unternehmenskultur. Falls Vorgesetzte im Unternehmen die Schuldfrage in den Vordergrund stellen, ist der Weg, aus Verbesserungspotenzialen anderer Abteilungen zu lernen, in Frage gestellt. Abteilungen geben dann dem Auditor nicht offen Auskunft über Verbesserungspotenziale. Sie befürchten, öffentlich an den „Pranger" gestellt zu werden.

Hilfestellung bei Korrekturmaßnahmen: Einige Unternehmen gehen dazu über, nicht nur die Verfolgung und Erledigung von Korrekturmaßnahmen über die Auditoren überprüfen zu lassen. Sie sehen den internen Auditor als Dienstleister, der einerseits Verbesserungspotenziale aufdeckt. Andererseits unterstützt er sie gleichzeitig bei der Lösung ihrer Probleme. Diese moderne Sichtweise des Auditors findet sich vor allem in Unternehmen, die den Weg zum Total Quality Management (= umfassendes Qualitätsmanagement) eingeschlagen haben. Diese Organisationen kombinieren in vielen Fällen den Prozess der Selbstbewertung mit dem Auditwesen. Der gesamte Prozess endet für den Auditor erst dann, wenn eine nachweislich wirksame Korrektur- oder Vorbeugungsmaßnahme installiert ist.

Die Unterstützung der Auditoren bei der Maßnahmenfestlegung sieht dabei wie folgt aus:

▶ Unterstützung bei Ursachenanalyse,
▶ ggf. Einbeziehung von Experten und Fachkräften,
▶ Moderation der Maßnahmenfestlegung,
▶ Priorisierung von Maßnahmen,
▶ Maßnahmenverfolgung etc.

Dazu sind einige spezielle Fähigkeiten des Auditors notwendig, die sich in vielen Unternehmen bislang nicht im Anforderungsprofil für interne Auditoren fanden. An dieser Stelle sind Moderations- und Präsentationstechniken zu nennen sowie Techniken zur Ursachenanalyse.

8.2 Überwachung mit Hilfe von Kennzahlen

WORUM GEHT ES?

Eine praktikable Form, um den Auditprozess zu überwachen, ist die Anwendung und Auswertung von Kennzahlen. Ähnlich wie bei anderen Prozessen wendet das Unternehmen das Prozessmanagement auch auf den Auditprozess an.

WAS BRINGT ES?

Der Auditmanager kann durch die Analyse von Kennzahlen Verbesserungspotenziale und Optimierungsbedarf erkennen.

WIE GEHE ICH VOR?

Der Auditmanager kann Kennzahlen aus dem magischen Dreieck (Zeit, Kosten, Leistung) der Betriebswirtschaftslehre ableiten. Eine weitere Einteilung verwendet die ASQ (American Society for Quality):

▶ Leistung des Auditors,
▶ Service-Leistung und
▶ Beitrag zur Wertschöpfung.

Jede Einteilung sollte zur Leistungsbewertung des Auditprozesses die Ausgewogenheit so genannter harter (aus objektiven Merkmalen) und weicher (aus subjektiven Merkmalen) Kennzahlen berücksichtigen. Merkmale wie Höflichkeit, Pünktlichkeit, Beharrlichkeit, Durchhaltevermögen, Integrität etc. können zum Beispiel über Befragung der Auditierten ermittelt und gemessen werden.

Evaluation der Auditorenleistung

Auszug aus einem Evaluationsfragebogen:

- Wurden Sie in die Planung des Auditablaufs aus Ihrer Sicht ausreichend mit eingebunden?
- Empfanden Sie das Audit als motivierend?
- Bot das Audit Hilfestellung und Lösungsansätze?
- War das Audit aus Ihrer Sicht objektiv?
- Wie beurteilen Sie das methodische Fachwissen der Auditoren?
- Entspricht der Auditbericht Ihren Erwartungen an eine gute Serviceleistung?

Harte Faktoren können anhand von Leistungsgrößen, wie zum Beispiel Anzahl von Verbesserungspotenzialen, Einsparpotenzial in € etc. ermittelt werden. Die Sinnhaftigkeit der verschiedenen Kennzahlen für den Auditprozess richtet sich nach Komplexität, Größe, Struktur und Zielen des Unternehmens. Nachfolgend können Sie Anregungen zu möglichen Kennzahlen für Ihren Auditprozess entnehmen.

Kennzahlen zum Auditprozess

Durchlaufzeit

Kennzahl	Ermittlung	Erläuterung
Berichtszeit	Durchschn. Zeit vom Abschluss des Audits vor Ort bis zur Abgabe des Auditbericht	Wurde in einem Unternehmen eingeführt, um die Serviceleistung von Auditoren zu überwachen.
Zeit zur Korrekturmaßnahmenumsetzung	Durchschn. Zeit von der Berichterstellung bis zur Erledigung der Maßnahme	Wird in einem Unternehmen gemessen, das die Maßnahmen elektronisch definiert und verfolgt

Produktivität

Anteil Verbesserungen	Anteil von Hinweisen/Empfehlungen an der Σ der Auditsachverhalte (in % und Jahr)	Ermittlung des Fortschritts in Richtung Prävention und Vorbeugung

Einsparungen in €	Ermittlung der €/Jahr unter Berücksichtigung der Investitionen aufgrund von Auditmaßnahmen	Return on Invest wurde für die einzelnen Maßnahmen berechnet. Für nicht berechenbare Maßnahmen, z.B. Erhöhung der Mitabeiterzufriedenheit) wurde ein geringer Pauschalwert angenommen.
Sicherheit		
Anzahl verschobener Audits	Anzahl/Jahr	Messung der Qualität der Auditplanung und der Akzeptanz der Audits im Unternehmen
Zahl von Feststellungen bei externen Audits	Anzahl von Feststellungen und Abweichungen bei einzelnen Audits	Ziel: Vergleich mit internen Audits

8.3   Audit und Selbstbewertung

WORUM GEHT ES?

Häufig verstehen die Mitarbeiter unter Audit eine Prüfung, die jedes Jahr aus formalen Gründen stattfinden muss und nicht unbedingt Verbesserungspotenziale aufdeckt. Einige Unternehmen versuchen dem entgegenzuwirken und

reformieren ihr internes Auditwesen. Sie führen neue Audit-
verfahren ein, die die Methode der Selbstbewertung in den
Auditprozess integrieren.

WAS BRINGT ES?

Ein kombiniertes Verfahren aus Selbstbewertung und Audit vereint die Vorteile beider Methoden. Aus Selbstbewertungen generiert sich aus meiner Erfahrung eine wesentlich
höhere Anzahl an Verbesserungspotenzialen und Maßnahmen als aus einem „klassischen" Audit. Dies liegt möglicherweise an der höheren Selbstverantwortung der Mitarbeiter
beim Selbstbewertungsprozess. Die objektive Inaugenschein-
nahme von Aktivitäten und Vorgängen im Rahmen eines
Audits verhindert eine Betriebsblindheit, die jeder noch so
ehrlichen und selbstkritischen Organisation zu eigen ist. Die
Neutralität der Audits schließt das Einbringen von Bereichs-
pfründen und bewusstes Abwenden zusätzlicher Arbeitsauf-
wendungen je nach Durchsetzungskraft einzelner Führungskräfte im Großen und Ganzen aus.

WIE GEHE ICH VOR?

Fallbeispiel 1:

Erster Schritt: Festlegen der Themen

In einer unternehmensübergreifenden Planung legt der
Managementbeauftragte für einen Zeitraum von zwei Jahren
die Abteilungen bzw. Unternehmensbereiche zur Selbstbewertung und Auditierung fest. Zum Teil gibt der Managementbeauftragte die Themenfelder der Selbstbewertung und
Auditierung vor. Auch der Bereich muss zusätzliche Themen
auswählen. Die durch den Managementbeauftragten vorge-

gebenen Themen sind mit der Unternehmensleitung abgestimmt und berücksichtigen die Bedürfnisse zur Aufrechterhaltung der im Unternehmen implementierten Normstandards (ISO 9001 und ISO 14001). Einen Auszug der Themenfelder zeigt folgende Auflistung:

▶ Führung (orientiert an den Ansatzpunkten des EFQM-Modells),
▶ Zielvereinbarung,
▶ Kontinuierlicher Verbesserungsprozess,
▶ Systemverwaltung (Dokumentenlenkung, Aufzeichnungen),
▶ Qualitätssicherungsaktivitäten,
▶ Gesetzeseinhaltung,
▶ Umweltleistung,
▶ Arbeitssicherheit,
▶ Kernprozessmanagement (hier bezieht sich die Selbstbewertung und Auditierung auf den jeweiligen im Managementsystem definierten Kernprozess des Bereichs),
▶ Ressourcenmanagement.

Zweiter Schritt: Selbstbewertung

Die Selbstbewertung findet anhand eines Kataloges von Ansatzpunkten statt. Dem jeweiligen Bereich stehen verschiedene Möglichkeiten zur Selbstbewertung offen. Er kann eine Fragebogenmethode einsetzen oder einen Selbstbewertungsworkshop im Führungskreis ansetzen. Identifiziert werden Stärken und Verbesserungspotenziale. Im Anschluss an die Identifikation der Verbesserungspotenziale erfolgt die Priorisierung und Maßnahmenverabschiedung. In der Regel entstehen fünf bis zehn Maßnahmen aus der Selbstbewertung.

Dritter Schritt: Auditierung

Circa sechs Monate nach der Selbstbewertung findet das Audit in dem jeweiligen Bereich statt. Der Auditor überprüft zum einen die Erledigung und die Wirksamkeit der durch die Selbstbewertung entstandenen Maßnahmen. Zum anderen nimmt er Stichproben zu den Festlegungen der eingeplanten Themenfelder unabhängig vom Selbstbewertungsprozess.

Vierter Schritt: Maßnahmenverfolgung

In einem Auditmaßnahmenbericht hält er gegebenenfalls weitere Maßnahmen fest. Die Verfolgung der Maßnahmen wird ähnlich dem klassischen Auditwesen über nachfolgende Audits oder festgelegte Erledigungstermine verfolgt.

Fallbeispiel 2:

Audits und Selbstbewertung finden über das gesamte Unternehmen im Wechsel statt. In einem Jahr plant der Qualitätsmanagementbeauftragte die Audits in klassischer Form. Im darauf folgenden Jahr findet statt der internen Audits eine Selbstbewertung statt.

Die Selbstbewertung gestaltet sich wie folgt:

Die Teilnehmer der Selbstbewertung sind die leitenden Führungskräfte der jeweiligen Bereiche (Bereichsleiter, Abteilungsleiter und Meister; circa 15 Teilnehmer pro Bereich). Über einen Selbstbewertungsfragebogen ermittelt der Qualitätsmanagementbeauftragte Verbesserungspotenziale, Stärken und eine Punktebewertung zu den jeweiligen Selbstbewertungsfragen. Er bereitet die Ergebnisse auf und stellt sie bei einem Selbstbewertungsworkshop des jeweiligen Bereiches vor. In diesem Workshop werden gemeinsam mit fünf bis sechs Vertretern des Bereichs und einem Mitglied der Unternehmensführung Maßnahmen verabschiedet. Parallel zu den Selbstbewertungen finden in dem Jahr der Selbstbewertung stark verkürzte Audits zur alleinigen Überwachung der im Vorjahr festgelegten Maßnahmen statt.

8.4 Audit und betriebswirtschaftliche Aspekte

WORUM GEHT ES?

Das Topmanagement formuliert zunehmend strategische Ziele in verschiedenen Handlungsfeldern, wie zum Beispiel Finanzen, Kunden, Prozesse und Mitarbeiter. Daraus leiten sich abteilungs- und themenübergreifend in allen relevanten Ebenen konkrete, aufeinander abgestimmte Ziele ab. Neben qualitätssichernden Elementen darf der Auditor deswegen betriebswirtschaftliche Belange nicht außer Acht lassen. Der Nachweis der Effektivität von Aktivitäten („die richtigen Dinge tun") und der Effizienz der Aktivitäten („die Dinge richtig tun") ist Inhalt des Audits.

WAS BRINGT ES?

Das Beschäftigen und Auditieren von Sequenzen der Prozessschritte ermöglicht es, auf alle möglichen Verschwendungen einzugehen. Verbesserung der Effektivität und Effizient von Prozessen ist die Folge. Dies bedeutet in der Regel wiederum ein mehr an finanziellem Mehrwert. Dies ist ein Grund, warum die Akzeptanz von Prozessaudits gegenüber Systemaudits bei vielen Beteiligten größer ist und deshalb in ihrer Zahl gegenüber Systemaudits zunehmen.

WIE GEHE ICH VOR?

Der Auditmanager sollte bei der Auswahl der Auditoren auf betriebswirtschaftliche Kenntnisse achten. Damit gewährleistet er bei den Auditoren ein Grundverständnis zu Qualitäts- und betriebswirtschaftlichen Aspekten. Als weitere Hilfestellung kann er dem Auditor eine Checkliste an die Hand geben, die die Aufmerksamkeit des Auditors auf Verschwendungen in der Organisation lenkt:

- Unnötige Bewegungen vorhanden?
- Unnötiger Transport vorhanden?
- Gibt es modernere, rationellere Arbeitstechniken?
- Ist der Durchführende für die Tätigkeit überqualifiziert?
- Ist das Personal für den Arbeitsschritt ausreichend geschult?
- Kann der Arbeitsschritt parallel zu anderen Arbeitsschritten ausgeführt werden?
- Ist der Arbeitsschritt standardisiert?
- Können Kosten aufgrund von Fehlern, Nacharbeiten etc. vermieden werden?
- Welche umweltkritischen Aspekte des Arbeitsschrittes gibt es?
- Welche arbeitssicherheitskritischen Aspekte des Arbeitsschrittes gibt es?
- Enthält der Arbeitsschritt vermeidbare oder zu vereinfachende Prüfungen?
- Gibt es vermeidbare Lagerung?
- Gibt es vermeidbare Wartezeiten?
- Werden die Betriebsmittel ausreichend ausgenutzt?
- Gibt es Kapazitätsengpässe?

Anhang

Dieser Anhang beinhaltet eine Zusammenstellung von Checklisten und Formularen, die im Auditwesen in der Praxis Anwendung finden. Diese Beispiele sollen als „Fundgrube" für Neuanwender dienen. Dem erfahrenen Auditmanager bieten sie Impulse, um das Instrument Audit weiterzuentwickeln.

Evaluationsfragebogen
Evaluation der Auditorenleistung

Sehr geehrte Damen und Herren,
wir möchten Sie bezüglich der Leistung unseres Auditwesens befragen. Dies dient dazu den Auditprozess zu optimieren und Ihnen die Gelegenheit zum Feedback zu bieten. Das Ausfüllen nimmt nur sehr kurze Zeit in Anspruch. Bitte mailen oder faxen Sie innerhalb der nächsten Tage den ausgefüllten Fragebogen an den Leiter QSU (Qualität, Sicherheit, Umweltschutz).

Fachbereich: _____

Audit vom: _____

1 Planung
1.1 Wurden Sie in die Planung des Auditablaufs aus Ihrer Sicht ausreichend mit eingebunden?

☹☹	☹	☺	☺	☺☺

Verbesserungspotenziale:

_____

1.2 Erfolgte die Planung des Audits rechtzeitig?

☹☹	☹	☺	☺	☺☺

Verbesserungspotenziale:

_____

Bild 22: *Evaluation der Auditorenleistung*
(Fortsetzung siehe nächste Seite)

2 Allgemeines

2.1 Empfanden Sie das Audit als motivierend?

☹☹	☹	☺	☺	☺☺

Verbesserungspotenziale:

2.2 Bot das Audit Hilfestellung und Lösungsansätze?

☹☹	☹	☺	☺	☺☺

Verbesserungspotenziale:

2.3 War das Audit aus Ihrer Sicht objektiv?

☹☹	☹	☺	☺	☺☺

Verbesserungspotenziale:

3 Auditteam

3.1 Wie beurteilen Sie das methodische Fachwissen (Normenkenntnisse, Gesetzeskenntnisse, Auditablauf, Gesprächsführung der Auditoren?

☹☹	☹	☺	☺	☺☺

Verbesserungspotenziale:

3.2 Wie beurteilen Sie die Fachkenntnisse der Auditoren bzgl. Ihrer Tätigkeit?

☹☹	☹	☺	☺	☺☺

Verbesserungspotenziale:

4 Auditbericht

3.1 Entspricht der Auditbericht Ihren Erwartungen an eine gute Serviceleistung?
(Zeitnahe Erstellung, Übersichtlichkeit, Struktur …)

☹☹	☹	☺	☺	☺☺

Verbesserungspotenziale:

Input (Produkte, Hilfsmittel, Infos, Lieferanten):			
Arbeits-schritt:	Durch-führung:	Hilfsmittel:	Kennzahlen:
Output (Infos, Produkte, Infos über Arbeitsschritte an Dritte?, Kunden):			

Lfd. Nr.:	Aspekte der kritischen Prozess-betrachtung:	Ein-stufung (A, B, C)	Verbesserungs-potenzial:
1	Prozessschritt an richtiger Stelle?		
2	Unnötige Bewegungen vorhanden?		
3	Unnötiger Transport vorhanden?		
4	Gibt es modernere Arbeitstechniken? (Benchmarking)		
5	Ist der Durchführende die richtige Funktion?		
6	Werden die richtigen Kennzahlen zur Pro-zesssteuerung ver-wendet? (Zeit, Qualität, Menge, Termin …)		
7	Wie viel Zeit benötigt der Arbeitsschritt?		

Bild 23: *Allgemeine Checkliste zum Prozess-Audit (Auszug)*

Selbstbewertungsfragebogen
(Auszug)

1   Verwaltung QM-System

1.1   Allgemeines

1.1.1 Wie gut unterstützen aus Ihrer Sicht die vorhandenen
schriftlichen Arbeitsvorgaben die Abläufe des Unternehmens? (Transparenz, Verantwortlichkeit, Dokumentation
von Know-how, Kommunikationsmittel für Neuregelun-
gen, etc.)

☹☹	☹	😐	☺	☺☺

Verbesserungspotenziale:

_____

Beizubehaltende Stärken:

_____

1.1.2 Sind aus Ihrer Sicht zu wenig Tätigkeiten schriftlich
geregelt? (Schnittstellen und Verantwortlichkeiten an
Abteilungsgrenzen, etc.)

☹☹	☹	😐	☺	☺☺

Verbesserungspotenziale:

_____

Beizubehaltende Stärken:

_____

1.1.3 Sind aus Ihrer Sicht zu viele Tätigkeiten schriftlich geregelt?

☹☹	☹	😐	☺	☺☺

Verbesserungspotenziale:

_____

Beizubehaltende Stärken:

_____

Bild 24: *Auszug eines Selbstbewertungsfragebogens als Ergänzung
bzw. Vorbereitung zum Audit*

Anlage zu Audit-bericht-Nr.:				Seite 1 von 1	
Bereich:				**Datum:**	
Nr.	Feststellungen:	**Korrektur- und Verbesserungsmaßnahmen**			
		Ursache:	Ziel:	Maßnahme:	Verantw. Termin	Status:*

Status: o = offen   i.A. = in Arbeit   erl. = erledigt   v. = verworfen

Bild 25: *Formular zur Dokumentation von Auditergebnissen*

Literatur

ASQ Quality Management Division: The Certified Quality Manager Handbook. Milwaukee, ASQ Quality Press 2001.

Brunner, F. J.; Wagner, K.: Taschenbuch Qualitätsmanagement. München, Carl Hanser Verlag 2010.

Deutsche Gesellschaft für Qualität e.V. (DGQ): Wirksame Managementsysteme. Mit internen Audits Verbesserungspotenziale erschließen. DGQ-Band Nr. 12–31. Berlin, Beuth Verlag 2005.

Deutsches Institut für Normung e.V. (DIN): ISO 19011 Leitfaden für das Auditieren von Qualitätsmanagement- und/oder Umweltmanagementsystemen (engl.). Berlin, Beuth Verlag 2011.

Gietl, G.; Lobinger, W.: Leitfaden für Qualitätsauditoren, Planung und Durchführung von Audits nach ISO 9001:2008. München, Carl Hanser Verlag 2009.

Kamiske, G.F.; Brauer, J.-P.: Qualitätsmanagement von A–Z. München, Carl Hanser Verlag 2011.

Russel, J.P. (Hrsg.): The Quality Audit Handbook – Principles, Implementation and Use. Milwaukee, ASQ 1999.

Verband der Automobilindustrie e.V. (VDA): Qualitätsmanagement in der Automobilindustrie Band 6, Teil 1–5. Frankfurt am Main, VDA 2008.

Wealleans, D.: The Quality Audit for ISO 9001:2000 – a practical guide. Gower, Aldershot 2005.